정원놀이의
식물 디자인 레시피

# PLANT DESIGN
# RECIPE

정원놀이의 식물 디자인 레시피

CYPRESS
싸이프레스

홈가드닝을 놀이처럼,
정원놀이의 식물 디자인 레시피

'식물 디자인'은 단순히 식물에 어울리는 화분을 고르고, 수형을 잡는 시각적인 작업만을 의미하는 것은 아니랍니다. 식물은 살아있는 생물이기에 건강하고 아름답게 자랄 수 있도록 식물이 선호하는 환경을 조성하는 것까지 함께 고려해야 합니다. 식물과 화분의 조합, 용토와 식재 방법, 식물을 키울 환경, 이 세 가지를 모두 살펴야 하기에 식물 디자인은 까다롭지만 그만큼 흥미로운 작업이랍니다.

클래스에서 그림을 그리시는 수강생분과 얘기를 나누던 중 본인의 일에 대해 '그림을 그릴 때 종이 안에서 자유롭다'고 말씀하셨어요. 그 표현이 마음에 남아 돌이켜보니, 제가 식물 디자인을 좋아하는 이유도 그림을 그릴 때와 비슷하게 화분 안에서 자유로움을 느낄 수 있기 때문이란 것을 깨달았지요.

화분 안에 작업을 할 때는 식물과 재료를 마음껏 사용하고 자유롭게 배치해서 산을 만들고, 바다도 만들고, 가고 싶은 곳을 모두 다 만들어 낼 수 있답니다. 나의 경험을 바탕으로 작은 세상을 만들기도 하고, 상상력을 동원해 겪어보지 못한 세상을 만들어내기도 합니다. 다양한 식물과 재료들이 사람의 손길에 이끌려 화분 안에 채워지는 과정 속에는 영혼의 자유로움이 녹아 있답니다. 이렇게 자연의 재료로 나의 감성을 표현하다 보면 자연스럽게 마음이 치유되는 것을 느낄 수 있지요.

최근 인터뷰나 강의를 하며 어디에서 영감을 받느냐는 질문을 많이 들었어요. 사실 영감을 받는다는 표현은 제게 너무 거창한 표현으로 느껴져요. 영감을 받기 위해 평소에 특별한 일을 하기보다 일상에서 관찰을 많이 하고 상상을 많이 하는 편이에요. 차를 타고 가다가 안개 낀 산의 모양, 분위기에 빠져들기도 하고, 길을 걷다 아스팔트를 뚫고 나와 꽃을 피운 식물의 모습을 들여다보기도 해요. 또, 공기의 감촉과 냄새 같은 추상적인 느낌까지 세심하게 관찰하는 버릇이 있는데, 제겐 그런 모든 것들이 영감이 아닐까 싶어요.

식물을 다루는 일을 하고부터는 무심코 접한 자연이 작품 속에 표현될 때가 많아요. 자연의 아름다움을 빌리고, 자연을 재해석해 사람의 손길로 만드는 느낌이지요. 이렇게 영감을 받아 작품을 만드는 경우도 있지만, 식물과 돌을 직접 만지고 작품을 만드는 과정에서 영감을 받기도 해요. 식물에 관심은 있는데 식물 디자인을 어떻게 시작해야 할지 막연하게 느껴진다면 일단 작은 화분 하나라도 직접 분갈이를 해보시라고 권하고 싶어요. 분갈이를 하는 과정에서 새로운 아이디어가 떠오르기도 하거든요.

　식물의 형태나 색감이 인상 깊었던 경험이나 익숙한 장소에 대한 기억을 불러 일으키기도 하고, 어떤 색의 돌을 올리면 잘 어울리겠다는 아이디어 등이 샘솟을 수 있어요. 어떤 일이든 지금 할 수 있는 것부터 하나씩 차근차근 해내다 보면 어느새 목표하는 바를 이루는 순간이 오기 마련이지요. 그 과정의 밀도에 따라 결과물의 완성도가 좌지우지되겠지만, 집중하다 보면 꽤나 마음에 드는 완성품을 만날 수 있을 거예요.

　무엇보다 중요한 건, 이 모든 일이 우리에게 숙제는 아니라는 점입니다. 재미있으면 그걸로 충분하다는 생각으로 즐겨보세요. 그런 마음을 담아 제가 운영하는 작업실 이름도 '정원놀이'라고 지었답니다. 아무쪼록 이 책으로 더 많은 분들이 식물을 놀이처럼 신나게 즐길 수 있게 되기를 바랍니다.

# Contents

# Plant Design

## Part 1
## 관엽식물 디자인

### Design Works
### 관엽식물 작품

# Succulent Plant &
# Cactus Design

## Part 2
## 다육식물 & 선인장 디자인

# Orchid & Moss Design

## Part 3
## 착생식물 디자인

정원놀이와 함께 시작하는
# 식물 디자인

## Soil 식물이 살아갈 환경을 만드는 흙과 돌

### 다양한 흙

(A) **상토**

원예용 상토는 여러 종류의 용토가 섞여 있
는 흙입니다. 피트모스, 코코피트, 질석, 비
료 등이 섞인 배합흙으로 제조사마다 비율
이 다릅니다. 소독 과정을 거쳐 실내 가드닝
을 하기에 적합하며, 유·무기질 양분이 균
형있게 들어있어 식물의 생육에 도움을 줍
니다.

(B) **난석**

혼합하여 사용하면 배수성, 보수성, 통기성
이 좋아지고 무게가 가벼워서 기본 용토에
자주 섞어서 사용합니다. 단독으로 깔아 배
수층을 만들기도 합니다. 대, 중, 소, 세립으
로 유통되는데, 이 책에서는 주로 중립을 사
용합니다.

(C) **마사**

배수성을 높이기 위해 기본 용토에 섞어서
사용하거나 배수층을 만들 때, 마감재로도
두루 사용합니다. 세척해서 나오는 세척 마
사로 구입하는 것을 추천합니다. 세척이 되
지 않은 마사를 사용하면 마사에 있는 황토
가 뭉쳐 배수가 나빠질 수 있습니다. 세척
마사는 시중에서 대, 중, 소 세 가지 크기로
나뉘어 유통되는데, 용도에 맞는 입자로 선
택하여 사용합니다.

(D) **흙마사(다육식물 분갈이 흙)**

굵기가 있는 마사와는 달리 가는 모래와 흙
의 중간 정도 입자로 다육식물 분갈이 때 많
이 사용합니다. 상토는 가벼운 느낌이지만
흙마사를 섞으면 뿌리가 덜 흔들리고 단단
하게 고정됩니다. 단, 너무 많이 섞으면 물
빠짐이 좋지 않을 수 있습니다.

(E) **넬솔**

넬솔은 물과 섞어 반죽해 사용하는 용토입
니다. 반죽하게 되면 점성이 생겨 식물을
어딘가에 부착하거나 고정시키기 위한 용
도로 자주 사용합니다. 잘 고정되려면 충분
한 건조 시간이 필요합니다.

(F) **활성탄**

숯을 압축한 것. 세균 성장을 방지하고 질
소나 암모니아 등의 유해 물질들을 흡수하
는 역할을 합니다. 고여 있는 물을 정화해
주는 기능도 있어 배수 구멍이 없는 화분이
나 테라리움을 제작할 때 필수적으로 사용
하는 재료입니다. 활성탄이 없을 때는 훈탄
이나 숯으로 대체 가능합니다.

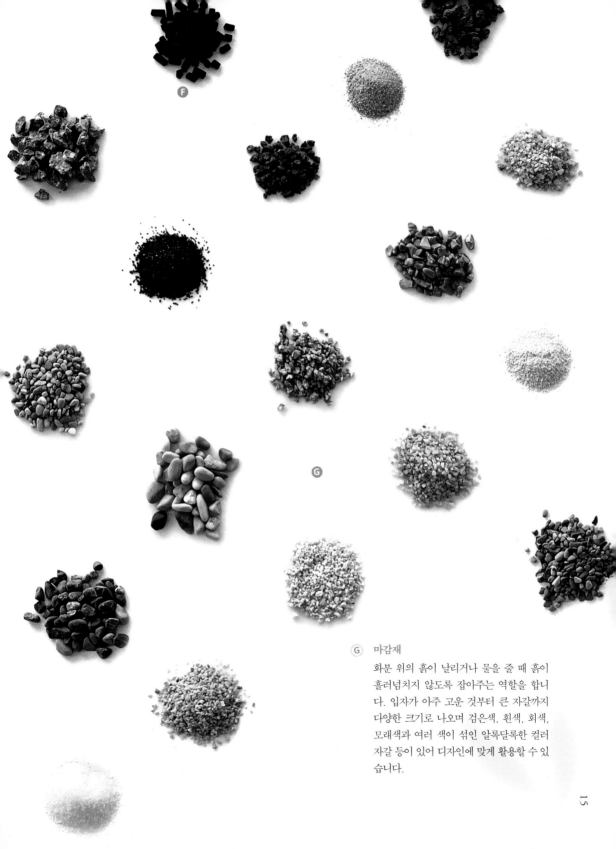

Ⓖ 마감재
화분 위의 흙이 날리거나 물을 줄 때 흙이 흘러넘치지 않도록 잡아주는 역할을 합니다. 입자가 아주 고운 것부터 큰 자갈까지 다양한 크기로 나오며 검은색, 흰색, 회색, 모래색과 여러 색이 섞인 알록달록한 컬러 자갈 등이 있어 디자인에 맞게 활용할 수 있습니다.

# 기타

### Ⓐ 수태

수태는 습지의 물이끼 등을 건져 가공한 재
료입니다. 균이 없어서 깨끗하게 사용 가능
하며, 물기를 오랫동안 머금어 보수성이 좋
습니다. 통기성이 좋아 특히 착생식물을 식
재할 때 많이 사용하는 재료입니다. 건조
상태로 유통되는 수태는 9시간 정도 물에
충분히 불린 뒤 물기를 꼭 짜서 사용하는
것을 추천합니다. 사용하다 남은 수태는 서
늘한 그늘에서 잘 말려주면 재사용이 가능
합니다.

### Ⓑ 바크

나무껍질로 화분 위의 멀칭(화분의 흙 위를
덮어주는 과정) 재료로 쓰이거나 착생식물을
식재할 때 주로 사용합니다. 바크에 있는 먼
지들은 균을 예방하기 위해 깨끗이 씻어내
고 사용하는 것이 좋습니다. 착생식물을 식
재할 때는 바크를 반나절 정도 물에 담가서
수분을 충분히 머금게 한 뒤 사용하는 것이
좋습니다.

### Ⓒ 코코넛껍질

천연 식물 섬유재로 통기성, 보온성, 흡수
성 등이 좋으며 화분 위의 멀칭 재료로도
사용합니다. 플라스틱 깔망 대신 쓸 수 있
는 친환경 재료로 화분의 깔망으로도 많이
사용합니다. 깔망으로 사용할 때는 겹을 나
누어 물 빠짐이 좋게 만들어주는 것이 좋습
니다.

Ⓓ 유목

오랜 시간 바다에서 떠다니고 파도나 바람
에 쓸려 나온 나무입니다. 나무이지만 바
닷물에 젖고 마르기를 반복해서 수분으로
인해 쉽게 썩지 않습니다. 습도가 높은 테
라리움이나 목부작 등의 작품을 만들 때
사용합니다.

Ⓔ 이끼

일반적으로 이끼는 건조해서 휴면상태로
유통됩니다. 건조 상태의 이끼는 사용 전
에 물에 15~20분 담가서 축축하게 준비
합니다.

## 장식용 돌

Ⓐ **해구석**

하얗고 구멍이 많은 거친 질감을 가진 돌. 현재는 수입 금지 품목이 되어 수입이 중단되었지만 대체할 수 있는 비슷한 형태의 돌들이 나오고 있습니다.

Ⓑ **천기석**

붉은 톤을 띠며 거친 표면과 불규칙한 질감을 가진 돌로 황호석이라고도 불립니다. 무르기 때문에 상황에 따라 깨서 사용할 수도 있습니다.

Ⓒ **화산석**

구멍이 뚫려있어 무게가 가벼우며 검은색과 빨간색 두 가지 색상으로 유통됩니다. 사이즈가 다양해 큰 돌은 장식용으로 사용하고, 입자가 작은 것은 마감재로 많이 사용합니다.

Ⓓ **목문석**

돌에 나무의 결과 비슷한 무늬가 있으며, 불이 낳으면 무늬가 더욱 선명해집니다.

Ⓔ **화산원석**

화산석처럼 구멍이 있지 않고, 표면이 거친 화산석의 종류입니다. 구멍이 있는 화산석보다 무게가 무겁습니다.

이집트홍

붉은색, 갈색, 흰색이 불규칙하게 섞여 있
는 돌입니다. 붉은 톤에 여러 색이 섞여
있어서 밝은 느낌을 주는 돌로 무늬나 불
규칙한 패턴을 보여주기도 합니다.

G 에그 스톤

가장 흔히 쓰이는 돌이며 달걀 모양을 닮
았다고 해서 에그 스톤이라 불립니다. 보
통 밝은 회색을 띠며 모양이 일정하지 않
고 다양한 편입니다.

H 라바 스톤

둥근 형태의 돌. 에그 스톤과 비슷하게 생
겼지만 에그 스톤보다 더 둥글고 무게가
조금 더 가볍습니다.

I 주워온 돌

돌 채취가 가능한 곳이라면 마음에 드는
돌을 수집해 식물 디자인에 활용할 수 있
습니다. 사용 전에 끓는 물로 소독하거나
깨끗하게 세척합니다.

**식물 관리와 디자인에 필요한 도구**

(A) **모종삽**

입구가 넓은 삽부터 좁은 삽까지 다양한 크기의 모종삽이 있습니다. 흙과 모래 등을 퍼담는 작업을 할 때 사용되며 용도에 따라 편리한 크기를 선택합니다.

(B) **고무망치**

분갈이 할 때 포트에 뿌리가 꽉 차서 잘 빠지지 않는 경우 고무망치로 포트를 통통 때려주면 분리하는 데 도움이 됩니다. 화분에 배수 구멍을 뚫을 때도 나사를 구멍 낼 위치에 올린 뒤 망치로 쳐서 구멍을 낼 수 있습니다.

(C) **원예용 가위**

가지나 잎을 자르고 수형을 정리하는 용도로 사용하는 가위. 두꺼운 가지를 잘라야 할 때는 날 부분보다 손잡이 부분이 더 긴 전정 가위를 사용하는 것이 좋습니다.

(D) **원예용 철사**

식물의 수형을 잡아주거나 특정 부위에 고정시킬 때 사용합니다.

(E) **분무기**

주로 잎과 줄기에 물을 뿌려 식물의 공중 습도를 높여 줍니다. 테라리움은 보통 흙에 직접 분무하지 않고 유리 벽면으로 분무해 수분을 공급해주는데, 용기의 입구가 작을 때는 노즐이 긴 분무기를 사용하면 편리합니다.

(F) **핀셋**

손이 들어가기 힘든 입구가 좁은 용기 안으로 재료를 넣는 테라리움을 만들거나 작은 식물로 섬세한 작업을 할 때 사용합니다. 작업에 따라 적절한 길이와 형태의 핀셋을 갖춰두면 도움이 됩니다.

(G) **깔망**

화분 바닥에 배수 구멍으로 흙이 흘러나가는 것을 막아줍니다. 바닥의 구멍 크기에 맞게 잘라서 사용합니다.

(H) **나무 막대**

다육식물류는 식재할 때 나무 꼬챙이로 뿌리 사이의 빈 공간에 흙을 넣어주고 흙을 다져 밀도를 높여줍니다. 끝이 뾰족한 나무 막대는 이끼를 펴고 뿌리를 살살 풀어주거나 손으로 잡기 힘든 디테일을 연출할 때도 유용합니다.

(I) **에어블로워**

돌에 낀 먼지 등을 청소할 때 사용합니다.

(J) **비닐과 테이프**

나무 상자와 같이 습기에 취약한 소재를 화분로 이용하는 경우에는 비닐을 꼼꼼하게 깔고 테이프나 스테이플러 등으로 고정합니다.

(K) **낚싯줄**

코케다마볼을 만들 때 뿌리를 수태나 바크, 이끼 등으로 감싼 뒤에 고정해주는 역할을 합니다.

## Care 식물에 수분을 공급하는 방법

식물마다 좋아하는 환경은 다르지만, 실내에서 키우는 식물의 경우 물 부족보다는 물을 너무 자주 줘서 문제가 생기는 경우가 많습니다. 오랫동안 흙이 축축한 상태로 지속되어 뿌리가 숨을 쉬지 못하면 식물에 치명적일 수 있으니 환경에 맞게 물주기를 조절합니다. 기온이 낮아지는 겨울철이나 습한 장마철에는 관수 주기를 더 늘리는 식으로 환경과 식물에 맞는 방법으로 관수합니다.

**샤워기로 물 주기**
샤워기로 씻기듯이 물을 주면 물을 듬뿍 줄 수 있다. 동시에 분무를 해주는 효과도 있으며, 물줄기에 의해 해충이 씻겨 내려가기도 해서 병충해 예방 효과도 볼 수 있다.

**분무기로 물 주기**
난초나 이끼, 에어플랜트 등 공중 습도를 빨아들이는 착생식물과 공중 습도가 높은 환경을 좋아하는 관엽식물에 주기적으로 분무해준다. 물줄기에 흐트러질 수 있는 테라리움에도 벽 쪽으로 분무해서 수분을 공급한다.

**저면관수**
아래로부터 물을 흡수하도록 하는 관수 방법이다. 가장 아래쪽 뿌리부터 물을 흡수하기 때문에 뿌리 전체가 수분, 양분을 흡수할 수 있다. 화분의 1/3이 잠길 정도로 물을 채워 담가둔다.

**물에 담가 수분을 공급하기**
에어플랜트는 분무를 자주 해주는 것도 좋지만 주기적으로 물에 적셔서 수분을 공급할 수 있다. 물에 30분에서 한 시간 정도 담갔다가 물기를 뺀 뒤 말려준다.

## 공간마다 추천하는 식물

식물을 들이기 전에 염두에 두어야 할 것은 식물은 단순한 오브제가 아닌 살아있는 존재라는 점이에요. 식물을 기르는 일에는 꾸준한 관심과 관리가 요구되며 적절한 환경을 조성해주어야 합니다. 조금 귀찮은 일이 될 수 있지만 식물이 주는 공간의 변화와 기쁨이 그만한 보상이 되어줄 거예요. 공간에 맞는 식물을 선택할 때는 식물이 좋아하는 광량과 습도, 온도 등을 고려합니다.

거실      빛이 환하게 드는 거실은 가장 다양한 식물을 키울 수 있는 공간입니다. 빛을 좋아하는 다육식물과 선인장 종류부터 관엽식물, 난초류까지 다양하게 키울 수 있습니다. 거실은 집에서 가장 넓은 공간이기 때문에 잎이 넓고 크기가 큰 식물도 잘 어울리며, 큰 화분은 몇 개만 두어도 존재감이 클 수 있습니다. 화분의 소재나 디자인을 실내 인테리어에 어울리는 식물로 두는 것도 좋습니다.

침실　　침실은 주로 밤에
　　　　머무르는 공간입
니다. 광합성을 하여 밤에 산소
를 뿜어주는 다육식물이나 선인
장, 에어플랜트 등의 식물을 키
우면 좋습니다. 대신 빛이 잘 들
어오는 환경이어야 건강하게 키
울 수 있으며, 가시가 위험한 선
인장의 경우에는 안전한 범위
내에 두어야 합니다.

화장실　　습도가 높은 화
　　　　　장실에서는 습도
를 좋아하는 식물을 키우기에
적합합니다. 작은 창문이 있어
서 해가 조금이라도 들어온나
면 습도를 좋아하는 고사리 종
류나 에어플랜트가 좋습니다.
약간의 빛과 수분만으로 초록
초록 하게 유지할 수 있는 이끼
도 좋습니다. 작은 이끼 정원을
만들어 연출하는 방법도 있습
니다.

해가 잘 들지 않는 공간　　　　사실 빛이 잘 들지 않는 공간에 식물을 두는 것은 추천하지 않
　　　　　　　　　　　　　　　습니다. 식물은 잎을 통해 흡수한 빛에너지로 광합성을 해서
살아갈 양분을 만들어내므로 빛이 없는 공간에서는 살아가기 어렵기 때문이지요. 음지식물
로 알려진 고사리 같은 식물도 해를 잘 보여주면 더 촘촘하고 건강하게 자랍니다. 햇빛이 약
간 부족한 공간이라면 식물등을 설치해 도움을 줄 수 있습니다. 식물등은 태양광 중에서도
식물이 자랄 수 있는 파장의 빛을 내줍니다. 해가 짧은 겨울철, 장마철이나 미세먼지로 광량
이 부족할 때도 식물등의 도움을 받을 수 있습니다.

**정원놀이의 식물 디자인 포인트**

식물 디자인은 단순히 식물에 어울리는 화분을 고르고, 어떤 수형으로 심을지를 의미하는 것은 아니랍니다. 각각의 식물에 맞는 옷을 입히는 것은 물론 건강하고 아름답게 자랄 수 있도록 식물이 선호하는 환경을 조성하는 것까지 함께 고려해야 합니다. 세상에 다양한 식물이 존재하는 만큼 많은 지식과 꿀팁이 있지만, 무엇보다 중요한 첫 번째 포인트는 식물을 어렵게 생각하지 말고, 놀이처럼 편안하게 즐기는 마음으로 가드닝에 접근하는 것이랍니다.

Point
1

무엇이든
화분이 될 수
있어요

시중에는 다양한 화분이 존재하고 소재와 디자인도 날로 다양해지고 있습니다. 하지만 꼭 화분으로 나온 제품이 아니더라도 식물의 뿌리가 들어갈 공간이 있다면 무엇이든 화분이 될 수 있습니다. 컵, 그릇, 냄비, 유리 용기, 일회용 플라스틱 컵 등 구멍이 없는 화분에도 식물을 식재할 수 있습니다. 구멍을 뚫을 수 있다면 배수 구멍을 만들어 식재하는 것이 좋지만, 상황이 여의치 않다면 배수 구멍의 역할을 하는 배수층을 잘 만들어주는 것이 중요합니다. 난석이나 세척 마사로 배수층을 충분히 깔아줍니다. 너무 많은 양의 물을 주면 배수층에 물이 고이거나 과습이 올 수 있으니 주의합니다. 구멍이 없는 화분이라면 뿌리 성장이 빠르고 물을 자주 주는 관엽식물보다는 물주기가 길고 뿌리 성장이 더딘 다육식물을 식재하는 것이 관리하기 좋습니다.

Point
2

디자인에 앞서
식물이 주는 이미지를
떠올려보세요

디자인이 막막할 때는 식재하려는 식물을
관찰하고 어떤 느낌을 주는지 머릿속의 다
양한 이미지를 떠올려보세요. 특정 동물과
비슷한 점이 있다거나, 하트 모양을 닮았다
거나, 여행지에서 강한 인상을 남긴 컬러와
비슷하다거나 하는 특징을 잡아내면 조금
더 접근하기 쉬울 수 있습니다. 자연에서
온 재료들로 조합해 꾸미는 것이기에 그냥
툭 올리는 것이 아니라, 그 식물이 자연에
서 어떤 모습으로 있을지 상상해보는 것도
도움이 됩니다. 자연에서 볼 수 있는 배치
나 선을 떠올리며 작품에 반영하면 보기에
편안한 디자인이 나옵니다. 숲이나 바다,
공원에서는 물론 도심 속 아스팔트 길에서
도 다양한 식물들과 이끼들의 모습을 관찰
하면 영감을 얻을 수 있답니다.

식물을 화분에 식재하는 과정에서 수형을 잡게 됩니다. 이 과정이 식물 디자인의 기본이며 가장 중요한 과정 중의 하나입니다. 우선 화분의 정면을 정하고 식물을 심으려는 위치나 기울기를 정해 줍니다. 이때 앞에서 볼 때도 예쁘지만 좌우나 뒤로 돌려보아도 균형감이 느껴지도록 수형을 잡아 주는 것이 좋습니다. 식재 전에 화분에 식물을 넣고 다양한 각도로 돌려가며 살펴거나, 합식을 할 때는 식물의 위치를 다양하게 조합해보며 충분한 시간을 두고 수형을 잡아주세요. 원형 테이블처 럼 다각도에서 감상할 수 있는 공간에 둘 화분이라면 사방에서 바라봤을 때의 수형에 신경을 써줍 니다.

식물을 항상 정중앙에 심으려고 하기보다는 식물의 수형, 화분의 형태에 따라 위치를 달리합니다. 한쪽으로 휜 수형이라면 살짝 옆으로 배치하는 것이 더 안정적으로 느껴질 수 있습니다. 좌우 공 간에 조금만 차이를 주어도 느낌이 확 달라지니, 위치를 너무 치우치게 잡을 필요는 없답니다. 또, 꽃이 피거나 자라면서 잎이 풍성해지는 식물은 이를 고려해서 수형을 잡아줍니다.

식물군별로 좋아하는 환경이 다르고 식재
하는 방법도 차이가 있습니다. 뿌리가 예민
하고 물을 좋아하는 관엽식물의 경우, 가볍
고 공기가 잘 통하는 배합흙을 사용합니다.
흙으로 고정한 뒤에 손으로 꾹꾹 누르지 않
고, 물을 듬뿍 주면서 자연스럽게 흙이 다져
지도록 하는 것이 좋습니다.
다육식물이나 선인장의 경우는 뿌리가 빈약
한 경우가 많으며, 물을 주면서 식재할 경우
무를 수 있어 얇은 꼬챙이를 이용해 뿌리 사
이사이로 흙을 넣어주는 과정을 거칩니다.
난초류를 식재할 때는 뿌리 사이사이에 수
태나 바크를 꼼꼼하게 채워서 넣어줍니다.
식물체를 잘 잡아주며, 뿌리가 수분을 충분
히 머금고 잘 활착할 수 있도록 밀도 있게
넣어주는 것이 중요합니다.

Point
4
식물군별로 식재하는
방법을 달리하기

Point
5
합식할 때는
생육환경을 고려하기

합식 디자인을 할 때는 식물을 골라 조합하
는 것부터가 시작입니다. 잠깐 보고 즐기기
위해 합식을 하는 것이 아니니 오래 키우며
볼 있도록 생육환경이 비슷한 식물끼리 모
으는 것이 우선입니다. 선호하는 광량, 온
도, 습도, 물주기 등의 환경적인 조건들이
비슷한 식물들을 선택하고, 성장 속도도 고
려합니다. 식물이 하나만 상대적으로 빨리
크면 전체적인 밸런스가 금방 깨질 수 있으
니까요. 그 안에서 컬러감이나 형태, 질감
등의 시각적인 조건들을 고려해 조합하는
것이 좋습니다.

'여백의 미', '간결한 것이 더 아름답다'는 말은 식물 디자인에도 참고가 됩니다. 마감이 화려한 것도 좋지만, 어떤 특징을 잘 살리고 싶은지를 먼저 떠올려봅니다.

식물의 멋진 수형을 잘 보이게 하고 싶은지, 독특한 화분을 잘 보여주고 싶은지, 식물의 오묘한 컬러를 잘 보여주고 싶은지 등 강조하고 싶은 것이 무엇이냐에 따라 마감재와 마감석의 색, 크기, 질감이 달라질 수 있습니다. 화분의 거친 질감에 맞춰 질감이 살아있는 식물을 고를 수도 있고, 어두운 마감재를 깔아 식물의 컬러를 더욱 도드라지게 표현할 수도 있습니다. 어떤 포인트를 돋보이게 하고 싶은지 확실해야 그에 맞춰 디자인을 가감할 수 있습니다.

### Point 6
힘을 줄 때는 주고
뺄 때는 빼주기

### Point 7
크기와 높이를
다양하게 연출하기

화분 위에 마감석이나 이끼, 마감재 등을 연출할 때는 실제 자연에서의 모습을 떠올리며 작업하면 도움이 됩니다. 예를 들어 산 속의 큰 바위틈으로 작은 이끼가 펼쳐져 있고, 큰 이끼 옆에는 입자가 작은 돌들이 넓게 퍼져있는 모습을 상상해 볼 수 있습니다. 자연 속의 모습이 그러하듯 재료들의 높낮이도 달리해주고, 덩어리 감도 다양하게 넣어주는 것이 좋습니다. 식물이나 돌을 일직선으로 놓지 않고 다양한 크기로 흩어지게 배치해 공간감을 살려주면 전체적으로 균형이 잡히며 더 자연스럽게 연출됩니다.

투명한 용기에 흙이 보이게 연출하면 흙 마름을 시각적으로 체크할 수 있고, 유리를 통해 흙이 보여서 신선한 느낌을 줍니다. 측면이 투명한 유리어서 그대로 들여다보이는 만큼 흙 층을 쌓을 때도 신경을 써주는 것이 좋습니다. 배수층으로 들어가는 자갈은 먼지가 적은 재료를 사용해주면 더 깔끔하게 연출할 수 있습니다. 여러 가지 컬러가 있는 자갈들로 다양한 모양을 연출하거나 물결무늬 같은 라인을 만들 수도 있습니다. 층마다 확실히 대비되는 컬러를 사용해야 라인감이 돋보일 수 있으며, 위로 갈수록 자갈의 입자가 두꺼워져야, 알갱이 사이사이로 빠지지 않고 깔끔하게 연출할 수 있습니다.

Point
8

유리 용기는 측면에도
감상 포인트를
더하기

Point
9

일상 속 도구들을
활용하기

가드닝을 하다 보면 다양한 장비에 관심이 갑니다. 하지만 손이 자주 가는 도구들은 우리의 일상 속에서도 찾아볼 수 있습니다. 꼭 가드닝 용품으로 나온 도구가 아니어도, 일상 속에 있는 도구들을 사용하는 경우도 많습니다. 예를 들어 손이 잘 들어가지 않는 작은 용기에 흙이나 자갈을 넣을 때는 빳빳한 종이로 깔때기를 만들어 그 안으로 넣어준다던가, 일회용 숟가락으로 흙을 퍼서 올린다거나 하는 식으로요. 꼭 좋은 장비가 있어야만 가드닝을 즐길 수 있는 것은 아니랍니다. 장비가 없다는 이유로 즐거운 가드닝 작업을 미루지 말고 일상 속 도구들로 시작해보세요!

# Plant Design
## 관엽식물 디자인

관엽식물은 잎사귀 모양의
아름다움을 보고 즐기기 위해
재배하는 식물을 의미해요.
식물에 어울리는 화분을 골라
나만의 디자인을 만드는 법부터
여러 식물을 함께 심어 조화롭게
관리하는 합식 디자인까지 다양한
아이디어를 만나보세요.

# Care | 관엽식물 관리법

**기본 관리법**　　식물의 원산지를 파악하면 어떻게 관리해야 하는지 힌트를 얻을 수 있습니다. 관엽식물은 열대 및 아열대 지역에서 오는 식물이 많습니다. 원산지의 기후가 따뜻하고 습한 특징이 있어서, 원산지의 환경과 비슷하게 맞춰서 관리하면 됩니다.

따뜻한 나라에서 자생하는 식물들은 우리나라의 춥고 건조한 겨울을 버티기 어렵습니다. 대체로 관엽식물은 공중 습도가 높아야 잎이 광합성을 제대로 하고, 건강한 상태를 유지할 수 있습니다. 겨울철에는 따뜻한 실내에서 관리하고 공중 습도가 높은 환경을 좋아하는 식물이라면 가을, 겨울철에 분무를 자주 해주는 것이 중요합니다. 습도가 너무 낮으면 잎의 상태가 안 좋아지거나 병충해가 생길 수 있습니다.

**잎 관리법**　　관엽식물은 잎을 감상하고 즐기기 위해 키우는 식물로 잎 관리에 신경을 써줘야 합니다. 식물의 잎은 영원할 수 없습니다. 새순이 나오고, 오래된 잎은 떨어지기 마련입니다. 떨어지는 잎을 '하엽'이라고 하는데, 식물을 처음 키우시는 분들은 식물의 잎이 노래지면 덜컥 겁을 먹기도 합니다. 식물이 전체적으로 노랗지 않고 부분부분 노래진다면 하엽일 확률이 높습니다. 가장 아래쪽 잎, 또는 겉에 있는 잎이 가장 오래된 잎이기 때문에 가장 먼저 진답니다. 식물의 가장 아래쪽 잎의 색이 변한다면 잎을 떨어뜨리려고 영양분을 빼는 자연스러운 과정입니다.

**물주기**　　대부분의 관엽식물은 겉흙을 체크해 말라 있다면 물을 듬뿍 줍니다. 화분 속의 흙이 물을 골고루 흡수할 수 있도록 배수 구멍으로 물이 빠질 때까지 물을 충분히 주는 것이 좋습니다. 여름에는 식물의 활동성이 높아지기 때문에 식물의 물 흡수량도 많고, 온도가 높아서 증발도 빨라집니다. 흙이 빨리 마르는 만큼 물주는 횟수가 잦아지게 됩니다. 겨울에는 식물의 활동성이 떨어지면서 물 흡수량도 줄고, 흙 마름도 늦어집니다. 물주기가 길어지는 겨울철에 공중 습도 유지에 신경 써주는 것이 좋습니다.

**관엽식물 식재하기**　　관엽식물의 흙은 배수성과 통기성, 보수성을 모두 충족시키는 용토여야 합니다. 관엽식물은 비교적 빠른 성장을 하고, 습도를 좋아하는 식물군입니다. 성장이 빠른 만큼 증산작용도 활발해 흙의 습도에 신경 써주는 것이 좋습니다. 화분 속의 흙을 촉촉하게 유지하면서, 제때 잘 말려주는 것도 중요합니다. 화분 속에 수분이 고이지 않도록 배수가 잘되는 환경을 만들어줍니다. 또한 흙에 공기층이 잘 형성되어 있어야 잔뿌리들의 흡수력이 좋아지므로 통기성이 좋아야 하며, 흙이 너무 빨리 말라버리면 물을 충분히 흡수할 수 없기 때문에 보수성도 좋아야 합니다.

Ⓐ —— **마감재** 흙의 날림을 막고 디자인적인 재미를 더한다.

Ⓑ —— **관엽식물 배합흙** 상토에 가벼운 난석이나 마사를 7:3 정도의 비율로 섞어서 사용한다.
관리하는 공간의 환경이 좋지 않다면 흙의 비율을 더 줄여서 배합한다.

Ⓒ —— **배수층** 난석이나 마사를 깔아 배수층을 만든다. 배수 구멍이 없는 화분에는 배수층이 배수 구멍의
역할을 해준다.

Ⓓ —— **활성탄** 화분에 배수 구멍이 없을 때 정수와 탈취 기능을 돕기 위해 깔아준다.

# 석분에 흐르는 수형의 눈향나무

"거친 석분에 눈향나무를 식재한 디자인입니다.
장식이나 마감이 화려하지 않아도 화분과 식물만 잘 선택하면
근사한 오브제를 만들 수 있습니다.
나무 옆에는 이끼 한 조각을 작게 넣어주고
심플한 마감재로 마무리해 편안한 느낌을 선사합니다."

**식물&용기**
눈향나무, 비단이끼, 석분
-
**용토**
세척 마사, 관엽식물 배합흙
-
**도구**
깔망, 모종삽, 가위, 물조리개

**Gardener's Note**

이천 도자기 마을에서 화분을 열심히 고르고 있는데 화분 가게 사장님이 말씀하셨어요. "화분이 이쁘면 꽃이 안 이뻐. 화분을 대충 골라. 그래야 꽃이 이뻐." 그 말씀이 오래도록 머릿속에 맴돌아 화분을 고를 때 식물과 화분의 조합뿐만 아니라 그 조합이 주는 분위기도 고려하게 되었습니다.

눈향나무를 석분에 식재해 한 폭의 그림 같은 자연을 담은 작품입니다. 누운 모양으로 구불구불 휘어 자라는 눈향나무의 특징이 잘 살도록 위에서 내려다본 수형이 특히 멋스러운 것을 골랐습니다. 해가 잘 들어오는 창가나 테이블 위에 두고 눈높이에서 보는 것도 좋지만, 위에서 내려다볼 수 있는 자리에 둔다면 수형의 아름다움을 더욱 잘 느낄 수 있는 작품입니다. 마당의 고즈넉한 정원을 내려다보며 휴식하는 기분으로요.

**1** 식물의 포트를 조물조물 눌러 흙과 포트 사이를 분리한다. 한 손으로 포트를 잡고 다른 손으로 식물의 밑동을 잡은 채 당겨서 쏙 뺀다. 뿌리 상태를 체크해 너무 검거나 무른 부분은 잘라낸다.

**2** 석분의 배수 구멍에 깔망을 깐다.

**3** 세척 마사를 적당한 높이로 깔아 배수층을 만든다.

**4** 석분 안에 식물을 넣고 수형을 잡은 뒤 사이사이에 관엽식물 배합흙을 넣어 고정한다.

**Tip** 상토에 난석이나 마사를 7:3 정도의 비율로 배합해 사용한다.

**5** 물조리개로 흙 위에 물을 듬뿍 주면서 흙을 다진다.

**6** 비단이끼는 가위를 이용해 둥근 모양으로 잘라서 눈향나무 옆에 볼륨감을 살려 올린다.

**Tip** 마른 상태의 이끼는 물에 15~20분 정도 담갔다 생기가 돌아오면 물기를 꼭 짜주고 이물질이나 상한 부분은 핀셋이나 손으로 제거해 준비한다.

**7** 흙 위의 나머지 공간에 세척 마사를 골고루 올려 마감을 해주고 손으로 눌러 잘 다진다.

### 관리법

눈향나무는 누워서 자라는 상록침엽관목수입니다.
주로 높은 산의 바위틈에서 자라나며, 바람을 피하기
위해 옆으로 누워서 자라는 습성이 있습니다. 따라서
바람을 잘 쐬어주고 통풍에 신경 써서 관리하는 것이
좋습니다. 물은 겉흙이 말랐을 때 흠뻑 줍니다. 햇빛을
좋아하고 노지 월동도 가능해서 실외의 테라스나 정원
에서 키우기에 적합한 식물입니다.

"누운 향나무란 뜻을 가진 눈향나무는
이름처럼 누운 모양으로
휘어지며 자라나는 수형이 특징입니다.
위에서 내려다볼 때의 모습이 특히 아름답습니다."

# 수경 재배 합식 디자인

"페이퍼<sup>paper</sup>의 어원이 되는 파피루스는 이집트 나일강을 중심으로 습지에서 자생합니다. 아마존의 열대우림이 고향인 칼라디움 칸디덤은 하얀 빛깔의 하트 모양의 잎을 가진 식물로 천사의 날개<sup>angel's wing</sup>라는 이름으로도 불린답니다."

**식물&용기**
파피루스, 칼라디움 칸디덤,
아랫면이 평평한 유리 화분
-
**용토**
자갈(세 가지 입자), 라바스톤
-
**도구**
모종삽, 물조리개

**Gardener's
Note**

　파피루스와 칼라디움 칸디덤은 둘 다 습한 환경을 좋아해 수경 재배로도 키울 수 있습니다. 긴 줄기를 안정감 있게 받치기 위해서 입구가 좁고 아래로 내려갈수록 넓어지는 유리 화분을 사용했어요. 투명한 화분을 쓸 때는 식물의 수형 못지않게 화분 안의 감상 포인트도 고려합니다. 전체적인 컬러 톤은 비슷하게 맞춰주되, 밝기 차이가 나는 자갈을 선택해 층을 만들고, 각 층에 크고 작은 물결무늬를 만들어 디자인적인 재미를 더했어요. 포인트가 되는 둥근 라바 스톤은 식물을 견고하게 잡아주는 역할을 하면서 전체적으로 귀여운 느낌을 더합니다. 물을 부을 때 수압이 세면 내부의 작은 자갈들이 흐트러질 수 있으므로 조심스레 채워주세요.

**1** 식물의 포트를 조물조물 눌러 흙과 포트 사이를 분리한다. 한 손으로 포트를 잡고 다른 손으로 식물의 밑동을 잡은 채 당겨서 쓱 뺀다.

TIP 줄기가 약한 식물은 너무 세게 당기면 줄기나 뿌리가 끊어질 수 있으니 주의한다.

**2** 뿌리 상태를 체크해 너무 검거나 무른 부분은 잘라낸다. 식물의 밑동을 잡고 뿌리의 흙을 살살 털어주고 남은 흙은 물에 헹궈 씻어낸다.

**3** 남은 흙이 없게끔 뿌리를 깨끗이 씻어서 준비한다.

**4** 구멍이 없고 아랫면이 평평한 유리 화분을 깨끗이 닦아서 준비한다.

**5** 가장 고운 입자의 자갈을 바닥에 깔고 밖에서 봤을 때 다양한 라인이 나오도록 손으로 모양을 잡는다.

**6** 식물의 위치를 정하고 보기 좋게 수형을 잡아 준다.

**7** 한 손으로 식물을 잘 고정하고 5번에서 만든 라인이 흐트러지지 않도록 조심스레 중간 크기 입자의 자갈을 넣는다.

**8** 중간 크기 입자의 자갈로 두 번째 층을 만든다.

**Tip** 가장 아래쪽 자갈층으로 작은 물결과 큰 물결을 번갈아 표현해 바라보는 방향에 따라 다른 물결 모양을 만날 수 있다.

**9** 가장 큰 입자의 자갈을 넣어 식물을 잘 고정
한다.

**10** 라바 스톤을 자갈 위에 배치해 포인트를
준다.

**11** 화분에 천천히 물을 부어 채운다.

Tip 물을 한꺼번에 확 부으면 돌이 흐트러질 수 있으니
천천히 붓는다.

## 관리법

　따뜻한 나라에서 온 식물들로 영상 10도 이하로 떨어지지 않는 곳에서 빛을 충분히 보여주며 관리합니다. 수경으로 키울 때는 물을 잘 체크해 주기적으로 갈아줍니다. 갇힌 용기 안에서 박테리아 또는 이끼들이 번식할 수 있으므로 물을 교체할 때 용기 내부도 깨끗이 세척해주면 좋습니다. 수경 재배로 물에서만 기르게 되면 영양이 부족할 수 있으니 주기적으로 수경 재배 전용 영양제를 공급해주면 도움이 됩니다.

# 고사리 합식 디자인

"풍성한 식물을 합식할 때는 각각의 특징이 잘 보이면서
전체적으로 조화롭게 어우러지는 것이 중요합니다.
또한 식물의 물주기나 온도와 같은 생장환경이 비슷한 식물끼리
모아서 심어야 건강하게 키울 수 있습니다."

**식물&용기**
트리칼라 고사리,
실버레이디 고사리,
트란카툴라 고사리,
원형의 낮은 토분
-
**용토**
난석, 관엽식물 배합흙
-
**도구**
모종삽, 깔망, 물조리개

**Gardener's
Note**

   살아가는 환경이 비슷한 고사리류 식물을 합식한 디자인입니다. 합식을 할 때는 생장환경이 비슷한 식물로 조합해야 한 화분에서 건강하게 자랄 수 있어요. 그 안에서 식물의 형태와 질감, 컬러 등을 고려해 디자인 방향을 잡아갑니다.

   자리를 묵묵히 지키는 식물이 있다면 풍성함을 담당하는 식물, 컬러감을 줄 수 있는 식물 등 각자의 특징이 있는 식물을 골라 합식하면 작품을 보는 재미가 더해집니다. 각자 개성을 뽐내는 식물들도 한 화분으로 이사 온 이상 한 배를 탔습니다. 함께 적응하며 서로의 뿌리들이 조금씩 엉키기 시작하고, 부족한 수분이나 영양을 서로 나누기도 합니다. 뿌리가 뻗어 나가며 서로가 끈끈하게 엮이게 되기도 하지요. 식물도 사람도 혼자서 살아갈 순 없는 것 같아요. 넘치면 나눠 쓰고 부족한 것은 아껴 쓰고 서로 엉키기도 하면서 살아가다 보면 더 단단하고 근사한 모습으로 함께 성장해 있을 거예요.

1   식물을 포트에서 꺼내 뿌리를 확인하고, 상한
    부분은 잘라낸다. 잎이 풍성할 경우에는 오래
    된 잎들을 솎아낸다.

2   화분의 배수 구멍에 깔망을 깐다.

3   화분에 난석을 적당한 높이로 깔아 배수층을
    만든다.

4   화분에 관엽식물 배합흙을 80~90% 채워 넣
    는다.

    Tip 합식할 때는 모종을 넣고 흙을 채우기보다 흙을 먼저
    채우고 심을 자리를 파서 심는 방법을 추천한다.

**5**  화분에 심기 전에 식물을 대략 배치해본다.

**6**  화분의 앞을 정하고, 가운데 흙을 파서 첫 번째 식물을 심는다.

**Tip** 키가 크고 중심축이 될 수 있는 형태의 식물을 먼저 가운데 심는다.

**7**  가장 먼저 심은 식물 옆으로 식물의 얼굴 방향이 다양하도록 수형을 잡아가며 하나씩 식재한다.

**8**  전체적으로 잎의 높이와 볼륨감이 균형을 이루도록 화분을 돌려가며 빈 곳에 식재해 채워간다.

**Tip** 처음에 생각한 배치에서 변경될 수 있다. 중간중간 거리를 두고 바라보며 조화로운지 체크하면서 식재한다.

9 식물을 심고 흙이 다 채워지지 않은 부분에 흙을 잘 채워 고정한다.

10 물조리개로 흙 위에 물을 듬뿍 주면서 흙을 다진다.

## 관리법

고사리들은 물을 좋아하고, 공중 습도가 높은 환경을 좋아합니다. 음지에서도 키울 수 있다고 흔히 알려져 있어 해가 잘 들지 않는 곳에서 키우는 경우가 다반 사인데 고사리도 햇빛을 좋아하는 식물입니다. 햇빛을 잘 받고 자란 고사리는 줄 기가 튼튼하고 색이 선명합니다. 채광이 좋은 곳에서는 흙 마름이 빨리 올 수 있기 때문에 물주기와 습도 유지에 더 신경을 쓰는 게 좋습니다.

"고사리는 잎의 싱그러움이
잘 유지될 수 있도록
공중 습도를 높게 해주며
관리합니다."

# 생육환경이 비슷한 관엽식물 합식

"물주기가 긴 식물을 합식한 디자인입니다.
타원형의 잎이 매력적인 멕시코소철과 흘러내리는 수형의 타라를
투 톤의 도자기 화분에 함께 식재했습니다.
두 식물의 형태는 다르지만 비슷한 채도의 초록색을 띠어서
색이 조화롭게 어우러집니다."

### Gardener's Note

포트 하나를 여러 촉으로 분리할 수 있는 경우에는 디자인에 따라 나눠서 식재하기도 합니다. 큰 덩어리로 심었을 때와 나눠서 곳곳에 식재했을 때 식물이 주는 느낌이 확 달라지니까요. 이 작품에서도 멕시코소철 주변으로 여러 촉으로 분리한 타라를 둘러서 심어 색다른 느낌으로 연출해 보았습니다.

화분과 식물 모두 거칠지 않은 부드럽고 차분한 느낌이기에 둥근 형태의 라바 스톤을 마감석으로 골랐습니다. 비슷한 사이즈의 돌을 나란히 놓으면 자칫 단조롭고 인위적으로 느껴질 수 있습니다. 다양한 사이즈의 돌로 형태가 주는 리듬감을 살려 자연스럽게 배치하는 것이 포인트랍니다.

식물 디자인을 할 때 너무 많은 양의 재료나 다양한 소재를 사용하는 경우가 있는데, 'simple is the best'라는 말도 있듯이 '힘 빼기의 기술'이 더 유용할 때가 많습니다. 포인트를 제대로 살리려면 나머지는 힘을 싹 빼야 하니까요. 화려한 느낌을 주려고 여기저기 마감 재료를 추가하는 것보다 힘을 주고자 하는 부분의 디테일을 잘 잡아주는 것이 작품의 퀄리티를 올리는 데 도움을 준답니다.

## How to Make

1  화분의 배수 구멍에 깔망을 깐다.

2  식물의 포트를 조물조물 눌러 흙과 포트 사이를 분리한다. 한 손으로 포트를 잡고 다른 손으로 식물의 밑동을 잡은 채 당겨서 쏙 뺀다. 뿌리 상태를 체크해 너무 검거나 무른 부분은 잘라낸다.

3  식물을 화분 옆에 대보고 배수층의 높이를 대략 가늠한다. 난석을 적당한 높이로 깔아 배수층을 만든다.

4  화분에 관엽식물 배합흙을 80~90% 채워 넣는다.

TIP 상토에 난석이나 마사를 7:3 정도의 비율로 배합해 사용한다.

5    화분 안에 멕시코소철을 먼저 자리 잡고 흙을 충분히 파서 심는다.

6    타라는 뿌리 부분이 분리되면 2~3개로 나눠 준다.

TIP 뿌리부터 나누는 것보다 나눌 줄기를 먼저 정리한 뒤에 위에서부터 분리해주는 것이 좋다.

7    멕시코소철 옆에 분리한 타라의 큰 덩어리부터 자리 잡고 흙을 파서 심는다.

8    빈 곳에 흙을 파서 작은 타라 덩어리를 심고 아래로 늘어뜨려서 연출한다.

**9**  식물을 심고 흙이 다 채워지지 않은 부분에 흙을 잘 채워 고정한다.

**10**  물조리개로 흙 위에 물을 듬뿍 주면서 흙을 다진다.

**11**  흙을 잘 다져준 뒤에 앞에서 봤을 때 가장 비어 보이는 곳에 큰 라바 스톤을 올린다.

**12**  큰 라바 스톤 옆에 크기가 좀 더 작은 라바 스톤을 배치한다.

**13** 앞에 있는 라바 스톤과 일직선이 되지 않도록 신경 써서 뒤쪽 빈 부분에 라바 스톤을 추가로 올린다.

**14** 뒤쪽에 작은 라바 스톤을 추가로 올린다.

Tip 앞쪽의 작은 라바 스톤과 크기가 겹치지 않도록 한다.

## 관리법

실내에서 빛이 잘 드는 밝은 곳에 두고 키우는 것이 좋습니다. 두 식물 모두 물주기가 길고 과습에 취약해서 흙이 충분히 말랐을 때 관수합니다. 물주기가 길다 보니 공중 습도에 신경을 못 쓸 수도 있는데, 주기적으로 공중분무를 해서 습도를 유지해줍니다. 너무 건조할 경우에는 깍지벌레가 생길 수 있으니 주의합니다. 멕시코소철은 보통 일 년에 한 번 잎을 내어주고, 타라는 비교적 금방 자라는 편입니다. 너무 풍성해져서 비율이 맞지 않을 때는 주기적으로 가지치기를 해서 적절한 수형으로 정리하며 관리합니다.

**15** 나머지 부분에 마감재를 고루 올린다. 줄기가 약한 타라는 줄기 부분을 살짝 들어서 마감재를 채워준다.

# 낮은 화분에 관엽식물 합식

"페페로미아 멘도자는 은빛의 펄감이 도는 앞면과
오묘한 붉은 빛이 도는 뒷면이 어우러져 신비감을 자아내는 식물입니다.
단독으로 심어도 멋스럽지만 물주기가 긴 관엽식물을
함께 모아 심은 디자인으로 시간이 지나 자라면서
더 매력적인 모습을 보여준답니다."

**식물&용기**
페페로미아 멘도자,
피토니아, 타라,
라운드 FRP 화분
-
**용토**
난석, 관엽식물 배합흙
-
**도구**
깔망, 모종삽, 물조리개

**Gardener's Note**

페페로미아 멘도자의 은빛이 도는 짙은 색의 잎을 보고 돌에 생기는 음영과 비슷하다는 생각이 들었습니다. 그래서 돌의 텍스처를 잘 표현한 그레이 톤의 화분을 선택했습니다. 자칫하면 칙칙해 보일 수 있고, 무게감을 주는 화분이라 식물에 더 시선이 갈 수 있도록 연출했습니다.

멘도자의 잎 뒷면과 타라 줄기의 붉은 빛으로 포인트를 주고, 피토니아의 화이트 톤을 군데군데 넣어 화사함을 더했습니다. 필레아 글라우카라는 학명을 가진 타라는 블루체인이라고도 불리는데, 줄기를 아래로 길게 늘어뜨리며 자라는 모습이 멋스러워 행잉 플랜트로도 많이 키운답니다. 작고 귀여운 잎들을 가진 타라는 사방으로 은은하게 흐르며 자라나 시간이 흐를수록 작품에 활기를 더해줍니다.

납작하고 입구가 넓은 화분에는 위로 키가 쑥쑥 크는 식물들보다는 부피가 커지며 공간을 채워가는 식물을 추천드립니다. 그 사이로 은은하게 흘러내리는 식물이 보이면 더 재밌는 디자인이 되겠죠!

# How to Make

**1** 화분의 배수 구멍에 깔망을 간다.

**2** 식물의 포트를 조물조물 눌러 흙과 포트 사이를 분리한다. 한 손으로 포트를 잡고 다른 손으로 식물의 밑동을 잡은 채 당겨서 쏙 뺀다. 뿌리 상태를 체크해 너무 검거나 무른 부분은 잘라낸다.

**3** 식물을 화분 옆에 대보고 배수층의 높이를 대략 가늠한다. 난석을 적당한 높이로 깔아 배수층을 만든다.

**4** 화분에 관엽식물 배합흙을 80~90% 채워 넣는다.

**TIP** 상토에 난석이나 마사를 7:3 정도의 비율로 배합해 사용한다.

**5** 한 포트 내에 촉을 나눌 수 있는 피토니아와 타라는 조심스럽게 뿌리 부분을 분리한다.

TIP 뿌리부터 나누는 것보다 나눌 줄기를 먼저 정리한 뒤에 위에서부터 분리해주는 것이 좋다.

**6** 화분의 앞을 정하고 제일 키가 큰 페페로미아 멘도자를 가운데 자리 잡는다. 흙을 충분히 파서 심는다.

**7** 페페로이아 멘도자의 아래쪽에 흙을 파서 곳곳에 타라를 식재해 공간을 채워준다.

**8** 타라의 사이로 빈 곳에 흙을 파서 피토니아를 심는다.

**9** 식물을 심고 흙이 다 채워지지 않은 부분에 흙을 잘 채워 고정한다.

**10** 물조리개로 흙 위에 물을 듬뿍 주면서 흙을 다진다.

## 관리법

세 식물 모두 물주는 주기가 긴 식물들입니다. 겉흙이 충분히 마르면 물을 주는 것이 좋습니다. 낮은 화분에 오밀조밀 식재되어 있어서 하엽이 생겼을 때 잘 보이지 않을 수 있습니다. 페페로미아 멘도자의 경우 하엽이 생기면 잘 체크해서 제거해주는 것이 좋습니다. 하엽이 말라서 흙 위로 떨어져 곰팡이나 병충해가 생기는 원인이 될 수 있기 때문입니다. 주기적으로 흙 위를 체크해 청결하게 유지하고, 통풍이 잘되게 해줍니다.

"식물이 점차 풍성하게 자라고
타라 줄기가 길게 늘어뜨려지면서
또 다른 매력을 보여줍니다."

# 오픈 테라리움 디자인

"화가 모드 루이스의 실화를 배경으로 한 영화 '내 사랑'을 모티브로 한 작품입니다.
몸이 불편해 활동에 제약이 있던 그녀는
작은 오두막집 안에서 창문 너머로 보이는 풍경에 상상을 더해 그림을 그렸지요.
한 그림에 여러 계절을 함께 담는 그녀만의 재치 있는
표현법을 따라 연출한 작품입니다"

## 재료

**식물&용기**
단정화, 틸란드시아 이오난사,
비단이끼, 사각 철제 화분

-

**용토**
활성탄, 난석, 관엽식물 배합흙,
장식용 돌(다양한 색),
마감재(백사, 마사,
모래색 고운 입자)

-

**도구**
모종삽, 분무기, 가위

## Gardener's Note

화가 모드 루이스의 실화를 바탕으로 한 영화 '내 사랑'을 보고 그녀의 따뜻한 그림 세계에 홀딱 빠지게 되었어요. 일반적으로 그림을 볼 때는 기법이나 색감 등을 분석하며 재미를 느끼지만, 그녀의 그림은 마냥 보기만 해도 기분이 좋아진답니다. 그녀는 몸이 불편한 탓에 활동에 제약이 많았고, 자신의 기억과 상상에 의지해 그림을 그렸습니다. 그녀가 그린 세상은 선명하고 풍성한 색으로 채워져 있습니다. 길에는 눈이 쌓여 있고, 나무에는 단풍이 들고, 들판에는 꽃이 핀 풍경이 한 그림 속에 담겨 여러 계절의 특징이 공존하기도 합니다.

모드가 살던 오두막을 닮은 오브제 안에 그녀의 그림을 닮은 디자인을 녹여보고자 했답니다. 푸릇푸릇한 언덕 위에는 연분홍빛 꽃을 피우는 단정화를 심어 봄을 표현했고, 고운 모래가 쌓인 곳은 여름의 해변처럼 연출했습니다. 또 길 건너편에는 겨울이 온 듯 눈이 소복이 쌓여 있고, 눈 사이로 알록달록한 돌들로 풍성한 색감을 더했습니다. 마지막으로 활짝 핀 듯한 모양의 틸란드시아 이오난사를 심어 차가운 겨울 안에 생명을 불어넣어 주었어요.

# How to Make

**1**  화분을 깨끗이 씻어 말려서 준비한 뒤 바닥
면에 활성탄을 골고루 깐다.

**Tip** 화분에 배수 구멍이 없을 경우에는 정수와 탈취 기능
을 돕기 위해 활성탄을 깐다.

**2**  난석을 적당한 높이로 깔아 배수층을 만든다.

**3**  단정화를 포트에서 분리해 흙을 살짝 털어내
고 뿌리 상태를 체크해 무르거나 상한 부분은
잘라낸다.

**4**  식물이 뿌리를 내릴 수 있도록 관엽식물 배합
흙을 골고루 깐다.

**Tip** 상토에 난석이나 마사를 7:3 정도의 비율로 배합해
사용한다.

5   전체적인 구상을 하여 단정화의 위치를 정한
    다. 나무가 있는 언덕 아래로 한쪽은 여름의
    해변을 만들고 한쪽은 겨울의 눈밭을 만들 수
    있도록 각각의 면적을 고려해 단정화의 자리
    를 잡는다.

6   화분 높이가 낮으므로 흙을 전체적으로 너무
    높게 쌓지 않고, 단정화 주변에만 흙을 높게
    쌓아 고정한다. 분무기로 분무하여 흙을 다
    진다.

7   단정화를 중심으로 언덕이 만들어지므로 지
    형을 살려서 큰 돌을 단정화 옆에 비스듬하게
    올린다.

8   덮을 면적을 고려해 비단이끼를 동그란 모양
    으로 자른 뒤 돌 옆에 볼륨감을 살려 올린다.

    Tip 마른 상태의 이끼는 물에 15~20분 정도 담갔다 생기
    가 돌아오면 물기를 꼭 짜주고 이물질이나 상한 부분은
    핀셋이나 손으로 제거해 준비한다.

**9** 이끼를 좀 더 작은 크기로 동그랗게 잘라 큰 이끼 옆에 볼륨감을 살려 올린다.

**10** 이끼를 작게 잘라 뒷부분의 돌 옆으로 올린다.

Tip 이끼의 크기를 다양하게 사용하는 것이 자연스럽다.

**11** 반대편의 빈 곳에 다양한 색의 돌을 여러 개 배치한다.

**12** 세 가지의 마감재로 구역을 나눈다. 우선 가장 낮은 곳에 돌 윗부분만 드러나도록 백사를 골고루 뿌려 눈이 내린 듯한 첫 번째 구역을 만든다.

Tip 구역마다 마감재의 색을 다르게 한다.

**13** 백사가 올라간 부분 옆으로 마사를 길게 올려서 두 구역을 나눠주는 길을 만든다.

**14** 단정화 주변으로 모래색의 고운 마감재를 올려 모래사장처럼 연출하여 세 번째 구역을 만든다.

**15** 백사가 올라간 구역의 돌 사이 빈 곳에 이오난사를 배치한다. 반대편 구역 큰 돌 뒤의 빈 곳에도 이오난사를 올린다. 전체적으로 마감재를 고르게 정리하고 뚜껑을 닫아 오두막을 완성한다.

**Tip** 두 이오난사의 얼굴 방향을 다르게 잡아 자연스럽게 배치한다.

### 관리법

단정화는 생장이 느린 편이어서 분갈이를 자주 하지 않아도 괜찮습니다. 밀폐되지 않은 용기에 식재했으므로 해가 잘 드는 실내의 양지에 두고 관리하면 됩니다. 겉에 흙이 말랐을 때 화분 안에 넣은 흙이 충분히 젖을 수 있도록 물을 공급합니다. 디자인이 흐트러질 수 있으므로 분무기의 약한 물줄기로 천천히 물을 주는 것이 좋습니다. 이오난사는 흙에 식재한 것이 아니니, 따로 들어내서 물에 10~20분 푹 담가 관수하거나, 자주 분무를 해서 수분을 보충해줍니다.

# Design Works

관엽식물 작품

# 눈이 내린 오픈 테라리움

**식물** 아스파라거스 나누스, 틸란드시아 이오난사
**재료** 원형 유리 용기, 활성탄, 난석, 관엽식물 배합흙, 장식용 돌, 자갈(세 가지 색)

초보자들도 쉽게 따라 할 수 있어 원데이 클래스에서도 인기가 많은 테라리움 디자인입니다. 투명한 벽을 통해 흙과 자갈이 그대로 보이게 연출해 다양한 각도에서 감상할 수 있습니다. 색색의 컬러 자갈을 넣고 입자가 고운 하얀 마감재를 올려 눈이 내린 듯한 느낌으로 연출했는데, 자갈 사이사이로 눈이 구석구석 내려앉은 듯한 느낌이 매력적으로 다가오는 디자인입니다. 잎이 하늘하늘한 아스파라거스 나누스는 겨울의 느낌을 연출하기에 적격입니다.

### TIP

겉흙이 마르면 물을 충분히 줍니다. 아스파라거스 나누스는 빛을 좋아해서 실내에 해가 잘 드는 공간에서 키우는 것이 좋습니다. 겨울철 10도 이상, 여름철에는 25도 이하로 온도를 유지해줍니다.

# 빨간 잎을 가진 미니 정원

**식물** 코르딜리네 파이어스톰, 비단이끼
**재료** 원형 세라믹 화분, 활성탄, 난석, 관엽식물 배합흙, 에그 스톤, 세척 마사

　매끈한 질감의 세라믹 화분에 차분한 붉은 컬러를 가진 코르딜리네 파이어스톰을 식재해 모던한 느낌을 주는 정원을 연출했습니다. 코르딜리네 파이어스톰과 이끼 모두 공중 습도가 높은 환경을 좋아하는 식물이어서 함께 식재하면 궁합이 좋습니다. 비단이끼는 볼륨감을 살려 봉긋하게 올리고 형태가 비슷한 동그란 에그 스톤으로 장식했습니다. 형태감의 통일로 포인트를 준 차분한 분위기의 디자인입니다.

**TIP**

이끼와 코르딜리네 파이어스톰은 공중 습도를 좋아하는 식물로 분무를 자주 해주고 겉흙이 마르면 물을 충분히 줍니다. 화분에 배수 구멍이 없을 경우 화분 부피의 ⅓ 정도의 양을 관수합니다. 추위에 약한 편이라 10도 이상으로 유지해줘야 정상적으로 자랄 수 있답니다. 겉잎부터 누렇게 되며 하엽이 지는데, 지는 잎은 떼어내도 좋습니다.

# 눈 쌓인 한라산

**식물** 백묘국, 블루버드 삼나무
**재료** 원형 낮은 화분, 활성탄, 난석, 관엽식물 배합흙, 화산석(두 가지 크기), 마감재(백사)

겨울에 눈이 내린 한라산에 오른 적이 있습니다. 키 큰 나무들이 꼭대기
부분만 보일 정도로 눈이 아주 많이 쌓여있었습니다. 키가 몇 미터나 되어
올려다봐야 할 나무들이 눈에 덮여 1미터 남짓만 남아있었어요. 큰 나무의
꼭대기 부분이 제 키보다 아래에 있고, 그렇게 높게 쌓인 눈 위를 내가 걷고
있다고 생각하니 너무 신기했어요. 그때 직접 본 황홀했던 자연. 내가 걸었
던 한라산 눈길의 느낌을 질감과 컬러를 살려 표현하고자 했습니다.

보고 느꼈던 장면들을 최대한 생생하게 떠올리며 사람들의 발길이 많이 닿는 길, 내가 걸어 올랐던 길의 풍경을 묘사해보았습니다. 비단 같은 털로 덮여 회백색을 띠는 백묘국과 숲을 떠오르게 하는 블루버드 삼나무로 한라산의 겨울을 담고자 했습니다. 제주도를 표현하기 위해 구멍이 많은 화산석을 올리고, 눈을 표현하기 위해 백사를 사용했습니다. 백사는 흙과 가까이 쓰게 되면 흙 물이 들며 색이 변하기도 해서 자주 사용하진 않지만, 특유의 반짝임과 질감이 살아있어 눈을 표현하거나 포인트를 살릴 때 유용한 재료입니다.

# 산과 들 오픈 테라리움

**식물** 톱풀, 비단이끼, 깃털이끼
**재료** 유리 화분, 활성탄, 난석, 관엽식물 배합흙, 천기석, 화산원석, 마감재(여러 가지 색)

오픈 테라리움은 용기가 개방되어 있어 선택할 수 있는 식물의 범위가
넓습니다. 톱풀은 잎의 모양이 톱과 흡사하여 붙여진 이름으로 우리나라의
산과 들에서 만날 수 있는 야생화입니다. 뿌리가 넓게 뻗으며 자라는 특성
이 있기 때문에 식물보다 비교적 사이즈가 큰 화분에 식재하는 것이 좋습
니다. 뿌리가 잘 뻗을 수 있도록 가로 면적이 넓은 원형의 유리 용기를 선
택했고, 흙을 충분히 넣은 뒤 다양한 모양의 큰 돌로 장식해 재미를 더해주
었습니다. 유리 용기 밖에서 다양한 컬러의 마감재로 만든 곡선 라인을 감
상할 수 있습니다.

톱풀의 잎 하나하나는 얇지만, 풍성하게 모여 있는 모습은 강인한 인상
을 주며, 산들바람에 흔들리는 듯 시원하고 자유로워 보이는 느낌을 줍니
다. 여름 무렵에는 작은 얼굴이 옹기종기 모여 꽃을 피운답니다.

**TIP**

물이 부족하면 잎이 쳐지며 바로바로 신호를 주는 식물입니다. 분무기로 흙 안쪽까지 젖을 수 있도
록 오랫동안 분무하여 수분을 충분히 보충해줍니다.

# 납작한 화분에 관엽식물 합식

**식물** 페페로미아 멘도자, 피토니아, 타라
**재료** 납작한 원형 시멘트 화분, 활성탄, 난석, 관엽식물 배합흙, 레드 화산석, 세척 마사

같은 식물도 어떤 화분에 식재하느냐에 따라 다른 느낌으로 연출할 수 있답니다. '낮은 화분에 관엽식물 합식(p.60)'과 같은 다양한 형태의 식물들을 컬러 톤을 맞춰 어우러지게 조합했습니다. 배수 구멍이 없는 화분이지만, 물주기가 긴 식물을 식재하면 관리가 편합니다. 화분 입구에 긴 턱이 있어서 타라처럼 흐르는 식물이 퍼지며 자라는 모습을 지켜보는 재미가 있습니다. 화분의 전체적인 톤은 밝지만 어두운 무늬가 들어 있어서 톤 다운된 식물과 잘 어우러집니다. 위에서 내려다보았을 때도 비어 보이지 않게 식물의 버건디 컬러와 잘 어울리는 레드 화산석으로 빈 곳을 장식했습니다.

**TIP**

물주기가 긴 식물들로 흙을 체크하여 말라 있더라도 조금 더 기다렸다가 물을 주는 편이 좋습니다.

# 마스크를 재활용해 만든 디자인

**식물** 스프링 골풀　**재료** 마스크, 관엽식물 배합흙

　　마스크를 매일 새로 교체하다 보니 한 번 쓰고 버려지는 것이 너무 아까
웠습니다. 이 재료 또한 식물과 접목시켜 재밌는 디자인을 해 볼 수 있지
않을까 하는 생각이 들었습니다. 마스크를 벗고 자유롭게 다니고 싶다는
마음과 실내 생활시간이 늘면서 식물에게 받는 위로에 대한 고마움을 담아
만들었습니다. 흔히 보는 심플한 마스크지만, 파인 부분에 흙을 채우고 식
물을 식재하면 재치 있는 디자인이 될 수 있습니다. 이름처럼 꼬불꼬불 자
라는 개성 있는 모습의 스프링 골풀은 간결하면서도 포인트를 줄 수 있는
식물입니다. 특별한 마감재 없이 식물만으로도 스타일리시하게 표현할 수
있습니다.

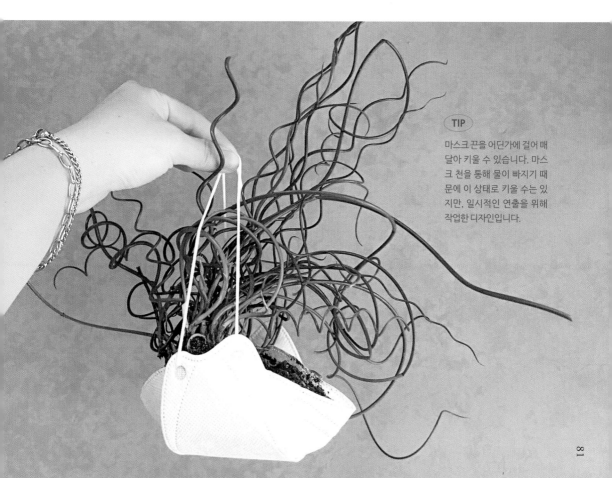

**TIP**

마스크끈을 어딘가에 걸어 매
달아 키울 수 있습니다. 마스
크 천을 통해 물이 빠지기 때
문에 이 상태로 키울 수는 있
지만, 일시적인 연출을 위해
작업한 디자인입니다.

# 이끼와 식물로 만든 숲

**식물** 아스파라거스 나누스, 비단이끼, 깃털이끼, 꼬리이끼
**재료** 화산원석, 세척 마사, 바크, 관엽식물 배합흙, 유리 소품들

　　추운 겨울에 여름을 그리워하는 마음으로 만든 작품입니다. 여름의 태양은 때로 뜨겁고 숨이 막히지만, 여름만의 눈부신 푸릇푸릇함에 대한 갈망이 있습니다. 여름 숲에 한차례 시원하게 소나기가 내린 뒤 풀이 가득한 숲에서 느낄 수 있는 시원한 공기와 청량함을 표현하고 싶었습니다. 이끼를 충분히 적셔서 푸릇푸릇하게 연출했고, 지형이 높은 곳에는 아스파라거스 나누스를 심고, 낮은 곳에는 이끼 위주로 식재하였습니다. 이끼 위에는 유리 소품들을 활용해 시각적으로 더욱 싱그러워 보이는 효과를 주었습니다. 이끼를 덩어리감 있게 사용하기도 하고 구부려 곡선을 만들어서 자연과 비슷한 느낌으로 연출하고자 했습니다.

TIP
공중 습도가 높은 환경을 좋아하므로 습도를 높게 유지합니다. 같은 재료로 유리 볼에 작업하면 테라리움이
됩니다. 테라리움은 디자인이 흐트러지지 않도록 유리 안쪽 벽면으로 분무해서 수분을 공급합니다.

# 크리스마스 테라리움

**식물** 엑설런트 포인트
**재료** 하우스형 용기, 활성탄, 세척 마사, 관엽식물 배합흙, 화산석(두 가지 크기),
회백색 자갈, 피규어 소품, 미니 전구

크리스마스 분위기를 작은 유리 용기 안에 담아보았습니다. 높은 언덕에 뾰족뾰족한 잎을 가진 엑설런트 포인트를 식재해 작은 트리를 만들고, 낮은 지대에는 트리 소품으로 꾸며주었습니다. 크리스마스 분위기를 내주는 루돌프와 곰돌이, 북극곰 피규어 등을 넣어서 귀여운 분위기를 연출했습니다. 유리 벽면으로 흙과 블랙 화산석을 보이게 쌓아 겨울밤의 어두운 느낌을 표현하고, 회백색 자갈로 마감하니 마치 눈이 내린 겨울 언덕 같은 느낌이 듭니다. 반짝이는 미니 전구를 용기 안에 넣어주면 겨울 느낌 물씬 나는 테라리움을 감상할 수 있습니다.

**TIP**

테라리움은 조심스레 안쪽 벽면으로 분무를 해서 수분을 공급합니다. 엑설런트 포인트는 너무 따뜻한 온도보다는 서늘한 환경이 알맞고, 빛을 충분히 쬐는 것을 좋아하는 식물이기 때문에 뚜껑을 연채로 창가에서 관리하면 좋습니다.

# 바다와 산 테라리움

**식물** 상록넉줄고사리, 틸란드시아 푼키아나, 틸란드시아 이오난사, 비단이끼
**재료** 유리 용기, 활성탄, 세척 마사, 관엽식물 배합흙, 컬러 자갈(네 가지 색), 천기석, 유목

　　코로나로 인해 외부 활동이 쉽지 않은 시기, 사람들에겐 여행에 대한 갈
망이 있습니다. 그러한 마음을 조금이나마 해소하기 위해 작은 자연을 테라
리움 디자인에 녹여보았습니다. 산과 바다를 함께 담았기 때문에 보는 각도
에 따라 다양한 풍경을 감상할 수 있습니다. 산으로 떠나고 싶을 땐 푸릇푸
릇한 이끼가 가득한 산 쪽으로, 바다에 가고 싶을 땐 모래사장이 펼쳐진 바
다 쪽으로 돌려가며 감상할 수 있습니다. 생명력이 강한 상록넉줄고사리를
천기석과 함께 식재해 자연 속의 식물을 표현했습니다. 고사리의 잎이 아주
섬세하고 줄기의 라인이 예뻐서 디자인에 활기를 불어넣어줍니다.

# Succulent Plant
# & Cactus Design
## 다육식물 & 선인장 디자인

사막이나 고지대와 같은 건조한
기후의 지역에서 살아남기 위해
땅 위의 줄기나 잎, 뿌리 등에 많은 양의
수분을 저장하고 있는 식물입니다.
수분 증발을 막고 동물의 공격을
피하기 위해 잎을 가시로 만들고 털로
몸을 감싸는 등 환경에 맞게 진화한
식물입니다. 고유의 수형을 더욱
돋보이게 디자인하고
관리하는 방법을 알아봐요.

# Care | 다육식물 & 선인장 관리법

**기본 관리법**　　다육식물은 몸속에 수분을 저장하는 '저수식물'입니다. 선인장은 큰 범주에서 다육식물에 포함되는 군입니다. 다육식물과 관리하는 환경도 비슷하고 같은 배합흙을 사용해 식재합니다. 다육식물은 고온 건조한 기후에서 오는 식물이 대부분이기 때문에 광량을 많이 필요로 하며, 공중 습도를 건조하게 유지해서 관리합니다. 식물마다 생육온도가 달라서 새로 식물을 들였다면 적정온도를 확인하는 것이 좋습니다.

**잎 관리법**　　다육식물이나 선인장을 관리하면서 다육식물의 건강한 잎이나 선인장의 자구가 떨어진다면 다시 심어보세요. 부러진 단면을 건조한 그늘에서 잘 말린 후에 흙에 꽂아주면 새로 뿌리를 내리며 번식합니다. 번식력이 좋아 번식시키는 재미를 느낄 수 있는 식물군입니다.

**물주기**　　다육식물과 선인장은 몸속에 수분을 저장하기 때문에 물주기가 긴 편입니다. 관엽식물처럼 흙을 체크해서 관수하는 것이 아니라, 식물의 몸통을 확인해서 물주기를 판단합니다. 저장하고 있는 물을 사용했는지, 식물체에 저수량이 어느 정도 되는지 식물을 관찰해서 체크할 수 있습니다. 몸통을 만져보아 말랑거리거나, 식물 표면에 쪼글쪼글한 주름이 생기거나, 부피가 작아지면 물이 필요하다는 신호입니다. 물주기는 길지만 관수 시에는 화분 속의 흙이 충분히 젖을 수 있도록 물을 듬뿍 줍니다.

다육식물은 빛이 강한 여름에 잘 자랄 것 같지만, 여름에 가장 많이 죽는 식물군입니다. 우리나라의 여름은 광량은 좋으나 습도가 높아서 다육식물이 힘들어하는 계절입니다. 높은 습도에서 무르기가 쉬워서 장마철에는 물을 주지 않고 관리하기도 합니다.

다육식물은 하형다육과 동형다육으로 나뉘는데, 하형다육은 여름에 성장하고 겨울에 휴면기를 가지며, 동형다육은 여름에 휴면기를 가지고 겨울에 성장하는 식물입니다. 휴면기 때는 물을 주지 않거나 관수 주기를 늘리는 편이 좋으므로 하형다육인지 동형다육인지에 확인해서 적절하게 관리합니다.

**다육식물 & 선인장 식재하기**　　다육식물은 건조한 기후에서 온 식물들이 대부분이기 때문에 몸속에 수분을 저장하는 특징을 가지고 있습니다. 원산지에서는 항상 건조하고 척박한 환경에서 자라기 때문에, 다육식물의 흙은 양분이 많지 않아도 무방하고, 배수가 잘되는 흙을 사용해야 합니다.

Ⓐ —— 마감재 흙의 날림을 막고 디자인적인 재미를 더한다. 유리 용기에 여러 가지 색과 질감의 마감재로 층을 쌓아 감상할 수 있다.

Ⓑ —— 다육선인장 배합흙 흙마사(다육식물 분갈이 흙)에 가벼운 난석이나 마사를 4:6 또는 5:5 정도의 비율로 많이 섞어서 사용한다. 관리하려는 공간의 환경이 좋지 않다면 흙의 비율을 더 줄여서 배합한다.

Ⓒ —— 배수층 난석이나 마사를 깔아 배수층을 만든다. 배수 구멍이 없는 화분에는 배수층이 배수 구멍의 역할을 해준다.

Ⓓ —— 활성탄 화분에 배수 구멍이 없을 때 정수와 탈취 기능을 돕기 위해 깔아준다.

# 다육식물 라운드 화분 디자인

"동그란 알이 깨진 것처럼 생긴 화분을 보고
'알에서 깨어나는 식물'이라는 재미있는 상상을 더해 만든 작품이에요.
그라노비아 기간티아는 여름에 잠을 자는 다육식물로
겨울이 되면 잎을 한 장씩 펼쳐 장미처럼 피어납니다."

식물&용기
그라노비아 기간티아,
반원 모양 화분
-
용토
난석, 다육선인장 배합흙,
에그 스톤, 이집트홍,
코코넛껍질
-
도구
모종삽, 꼬챙이

**Gardener's
Note**

동글동글한 수형이 귀여운 그라노비아 기간티아를 파임이 있는 반원 형태의 화분에 식재했습니다. 심을 당시에는 가을 무렵으로 여름내 닫혔던 잎이 조금씩 열리고 있는 상태입니다. 겨울이 되어 잎이 활짝 피었을 때 각기 다른 방향을 바라보고 있는 얼굴이 화분에 닿거나 틈에 끼지 않도록 수형을 잡아줍니다. 마무리로 코코넛껍질을 깔고 새알처럼 생긴 에그 스톤과 이집트홍을 올려 새 둥지를 연상케 하는 재미있는 디자인입니다.

다육식물은 광량을 많이 필요로 하는 식물군이기 때문에 보통 여름에 잘 자란다고 알고 있습니다. 하지만 생장온도에 따라 여름에 성장하는 하형다육(夏型多肉), 겨울에 성장하는 동형다육(冬型多肉)으로 나뉩니다. 그라노비아 기간티아는 여름에 휴식기를 가지고, 자신이 가장 광합성을 잘 할 수 있는 겨울에 비로소 성장을 시작하는 동형다육입니다.

식물들이 휴면기로 접어들면서 한껏 웅크리고 햇빛조차 최소한으로 쬐며 살아가는 모습을 보면 쉴 땐 확실히 쉬겠다는 의지가 느껴집니다. 우리도 매번 힘을 잔뜩 주고 살 수 없잖아요. 때론 겨울잠을 자는 동물들처럼 에너지를 비축해야, 알맞은 때가 왔을 때 비로소 힘을 쓸 수 있는 법이지요. 성장이 멈춘 기분이 든다고 우울해할 필요는 없는 것 같습니다. 멋지게 피어나기 위해서는 우리에게도 꼭 필요한 시간일 테니까요.

1 그라노비아 기간티아를 포트에서 분리한 뒤 흙을 털어내고 뿌리 상태를 체크해 무르거나 상한 부분은 과감하게 자른다.

2 그라노비아 기간티아를 화분 옆에 대보고 배수층의 높이를 대략 가늠한다. 난석을 적당한 높이로 깔아 배수층을 만든다.

3 뿌리가 뻗을 공간을 만들기 위해 다육선인장 배합흙을 깐다.

Tip 흙마사에 난석이나 마사를 4:6 또는 5:5 정도의 비율로 배합해 사용한다.

4 그라노비아 기간티아를 화분에 넣고 돌려가며 적당한 높이와 위치로 자리를 잡는다.

Tip 수형을 잡을 때는 나중에 잎이 활짝 펼쳐졌을 때의 방향과 부피를 고려한다.

5 그라노비아 기간티아의 수형을 잡은 뒤 한 손
으로 잘 고정하고 흙을 채워 넣는다.

6 잘 고정되면 코코넛껍질을 잘 뭉쳐 화분 위에
풍성하게 올린다.

7 에그 스톤과 이집트홍 돌을 코코넛 껍질 위에
올려 장식한다.

8 코코넛껍질이 화분 바깥으로 살짝 튀어나오
도록 라인을 만들어 자연스러운 분위기로 연
출한다.

## 관리법

　그라노비아 기간티아는 동형다육으로 온도가 낮은 겨울에 성장하며 온도가
올라가 여름이 오면 휴면기에 들어가는 식물입니다. 휴면기에 들어가면 잎이 오
므라들고, 양파 껍질과 비슷하게 하엽이 집니다. 휴면기에는 단수하며 하엽을 잘
정리해주면서 관리하고, 오므리고 있던 잎들이 피기 시작하면 잠자던 식물이 깨
어나는 시기이므로 물을 주기 시작합니다. 잎이 활짝 피고 나면 꽃대를 올리니,
꽃을 피울 때도 물이 마르지 않게 수분을 잘 공급해줍니다.

# 요거트 병 리사이클 디자인

"요거트가 담겼던 병에 흰 반점이 있는
귀여운 잎을 가진 다육식물, 자보를 심었습니다.
식물을 다루는 일을 하면서 자연을 생각하지 않을 수 없기에
버려지는 플라스틱이나 유리병을 화분으로 사용하는
리사이클 디자인을 꾸준히 구상하고 있답니다."

식물&용기
자보, 요거트 병
-
용토
활성탄, 세척 마사,
다육선인장 배합흙,
마감재(검은색 고운 입자),
장식용 돌
-
도구
모종삽, 꼬챙이

**Gardener's
Note**

　작은 용기에 식재할 식물을 고를 때는 뿌리와 잎의 성장 속도를 고려해야
합니다. 너무 빨리 크면 분갈이를 자주 해야 할 수도 있으니까요. '자보'는 눈
에 띄게 키가 크기보다는, 자구가 만들어지며 서서히 부피가 커지는 식물입
니다. 다육식물 중에서도 성장이 느린 편이라 작은 병에 식재했을 때 꽤 오
랜 기간 감상이 가능하고, 자구가 생기면 떼어내어 옮겨 심을 수 있습니다.
자보의 작은 점박이 무늬가 선명하게 보일 수 있게 고운 입자의 톤 다운된
마감재를 깔고 신비감을 주는 보라색 돌로 포인트를 주었습니다.

　꼭 기성품으로 나오는 화분이 아니더라도 다양한 소재로 리사이클 프로젝
트를 구상하곤 합니다. 식물이 자랄 수 있는 조건을 갖출 수 있다면 '화분'의
개념으로 바라볼 수 있으니까요. 이러한 생각의 전환은 식물 디자인을 더 재
미있고 새롭게 만들어주는 원동력이 됩니다. 틀에 박히지 않은 생각 자체가
큰 영감이 되니까요. 다양한 재료로 신선한 시도를 할 수 있고, 평범하고 익
숙한 것이 특별함으로 탈바꿈하는 순간의 짜릿함도 느낄 수 있답니다. 사물
의 숨어있던 장점을 찾는 즐거움을 모두 느껴보세요.

**1** 용기를 깨끗이 씻어 잘 말려서 준비한다.

**Tip** 식재한 뒤에는 손때를 지우기 어려우므로 안쪽에 자국이 남지 않게 잘 닦는다.

**2** 용기에 구멍이 없으므로 바닥에 활성탄을 골고루 깐다.

**Tip** 화분에 배수 구멍이 없을 경우에는 정수와 탈취 기능을 돕기 위해 활성탄을 깐다.

**3** 용기에 세척 마사를 적당한 높이로 깔아 배수층을 만든다.

**4** 자보를 포트에서 분리해 흙을 살짝 털어내고 뿌리 상태를 체크해 무르거나 상한 부분은 잘라낸다.

5   용기가 크지 않기 때문에 바닥에 다육선인장 배합흙을 먼저 깔지 않고, 적당한 위치에서 식물을 잡은 상태로 흙을 사이사이에 넣어준다.

**Tip** 흙마사에 난석이나 마사를 4:6 또는 5:5 정도의 비율로 배합해 사용한다.

6   뿌리 사이사이로 흙이 내려갈 수 있게 꼬챙이로 흙을 잘 다진다.

7   자보 옆에 준비한 장식용 돌을 배치한다.

8   검은색 고운 입자의 마감재를 골고루 올리고 표면을 고르게 정리한다.

## 관리법

    작은 용기에 식재한 식물이기 때문에 예외적으로 물을 조금씩 주는 게 좋습니다. 가벼운 마감재를 올렸고 용기의 입구가 좁기 때문에 큰 돌 위로 약한 물줄기를 흘려주어 물이 흙으로 천천히 흡수될 수 있게 합니다. 자보의 잎 사이사이에 수분이 고이면 무를 수 있으므로 물을 주고 나서 물방울이 맺혀 있다면 휴지로 물을 흡수해 제거해주는 것이 좋습니다.

"컵, 그릇, 일회용 플라스틱 용품 등
식물을 식재할 수 있다면
무엇이든 화분이 될 수 있답니다!"

# 독특한 수형의 선인장 디자인

"독특한 수형의 청기린을 낮고 넓은 화분에 식재한 작품입니다.
몸통이 얇고 휜 수형의 청기린은 가녀린 인상을 주지만, 생각보다 튼튼하답니다.
화분에 배치한 거친 마감석은 디자인 포인트가 되어 주면서 청기린이
더 자라서 몸통이 무거워졌을 때 지지해주는 역할을 합니다."

**식물&용기**
청기린(청산호),
넓은 원형 토분

-

**용토**
난석, 다육선인장 배합흙,
천기석(두 가지 크기),
마감재(밝은색 고운 입자,
세척 마사)

-

**도구**
깔망, 모종삽, 꼬챙이

**Gardener's
Note**

청기린은 매력적인 수형으로 키울 수 있는 식물입니다. 위로 곧게만 자라지 않고, 해의 방향에 따라 휘면서 자라기도 합니다. 화분을 여러 방향으로 돌려놓으며 수형을 만들어가면서 키우는 재미가 있습니다. 이렇게 곡선이 살아있는 수형이라면 화려한 공간보다는 심플한 공간에서 존재감이 더 돋보인답니다.

청기린은 겨울철에 휴면기에 들어가면 잎이 떨어지는 시기가 옵니다. 그리고 다시 봄이 오면 엽맥에서 잎이 나오고 앙증맞은 꽃을 피운답니다. 그런 변화를 확인할 때면 식물과 나, 서로가 잘 자라길 응원해주는 멋진 파트너가 된 기분이 들지요.

1   화분을 준비해 배수 구멍에 깔망을 깐다.

2   청기린을 포트에서 분리해 흙을 살짝 털어내고 뿌리 상태를 체크해 너무 검거나 무른 부분은 잘라낸다.

3   청기린을 화분 옆에 대보고 배수층의 높이를 대략 가늠한다. 난석을 적당한 높이로 깔아 배수층을 만든다.

4   뿌리가 뻗을 공간을 고려해 다육선인장 배합 흙을 깐다.

Tip 흙마사에 난석이나 마사를 4:6 또는 5:5 정도의 비율로 배합해 사용한다.

5 청기린을 적당한 위치에 놓고 수형을 잡은 뒤 한 손으로 잘 고정하고 다른 손으로 흙을 채운다.

**Tip** 마감석을 올려 장식할 공간을 고려해 청기린을 한쪽으로 치우치게 배치한다.

6 흙을 채우고 표면을 고르게 다진 뒤 화분의 빈 공간에 천기석 두 개를 배치한다. 식물이 잘 고정되지 않는 부분이 있다면 돌로 지지해준다.

**Tip** 돌의 높낮이를 달리하여 굴곡을 주듯 디자인해주면 더욱 멋스럽다.

7 밝은색의 고운 마감재를 전체적으로 깔고 꼬챙이를 이용해 돌 사이사이로 꾹꾹 눌러 넣어가며 흙을 다진다.

**Tip** 천기석의 질감이 돋보이도록 고운 마감재를 사용했다.

8 덩어리가 작은 마사를 곳곳에 두어 자연스럽게 포인트를 준다.

## 관리법

청기린은 햇빛을 좋아하고 줄기가 햇빛 방향을 따라 휘며 자라므로 양지에서
화분 방향을 돌려가며 키우면 재밌는 수형을 만들 수 있습니다. 광량이 충족되지
않거나 물을 너무 자주 주면 줄기 끝이 뾰족해지면서 웃자라게 됩니다. 또한 물
이 필요할 때를 잘 체크해서 주어야 웃자람 없이 키울 수 있습니다. 줄기의 표면
이 쪼글쪼글한 느낌이 들거나 몸통을 만져보아 단단하지 않고 폭신하면 물을 듬
뿍 주세요. 겨울철에는 휴면기를 가지는 식물로 물주기를 더욱 길게 하거나 단수
하며 관리합니다. 고온 건조한 기후의 환경이 자생지라서 습도에 약한 편이므로
과습에 주의하고 직접 분무는 피합니다.

"학명은 유포르비아 티루칼리,
길쭉한 모습이 기린 같다고 해서 청기린,
바닷속의 산호를 닮았다고 해서 산호초,
연필 굵기로 자란다고 해서
연필 선인장이라고도 부른답니다."

# 종이 상자 리사이클 디자인

"선물 받은 핸드크림의 패키지가 예뻐서 어울리는 식물을 식재해보았습니다.
튼튼한 종이 재질이라 비닐로 방수 처리를 하면
화분으로 사용해도 부족함이 없답니다.
꼬불꼬불한 호야 콤팩타 하나는 돌에 붙여서 똑바로 선 수형으로,
다른 하나는 패키지 밖으로 기어나가는 듯한 수형으로 재미있게 연출했습니다."

식물&용기
호야콤팩타, 종이 상자
-
용토
활성탄, 난석, 다육선인장
배합흙, 화산석,
마감재(검은색, 회색)
-
도구
비닐, 테이프, 가위, 모종삽,
꼬챙이

**Gardener's Note**

꼬불거리는 잎 모양으로 리본호야, 꼬불이호야, 꽈배기호야 등의 별명이 있는 호야 콤팩타를 낮은 종이 상자에 식재했어요. 식물은 꼭 화분에 심어야만 한다는 편견을 깨면, 다양한 재료를 볼 수 있는 눈이 생깁니다. 버려질 법한 재료를 활용해서 색다른 식물 디자인을 해볼 수도 있습니다.

제가 식물을 다루는 일을 하는 데 가장 큰 동기부여 중 하나는 내 자신의 한계를 깨는 즐거움이 아닐까 싶습니다. 수업을 통해서 제 경험을 공유하고 노하우를 알려주고, 같이 아이디어를 발전시키고, 누군가에게 새로운 반려 식물을 품 안에 안겨주는 일이 마냥 즐겁습니다.

모르는 식물도 많고 공부해야 할 부분도 많지만, 전국을 돌아다니며 새로운 식물을 만나고 마음에 드는 돌도 찾아가며 작품을 만드는 일이 너무나 설렙니다. 이렇게 조금씩 '정원놀이'라는 브랜드를 만들며 성장하는 것이 매번 나의 한계를 깨부수는 일 같아요. 그래서인지 더 새롭고 신선한 작업에 대한 갈증이 깊어집니다. 특히 새로운 재료를 찾아내는 재미에 푹 빠져버렸어요!

1 비닐을 적당한 크기로 잘라 상자 안쪽에 깔고 테이프로 고정해 방수 처리를 한다.

2 호야 콤팩타를 포트에서 분리해 흙을 살짝 털어내고 뿌리 상태를 체크해 무르거나 상한 부분은 과감하게 자른다.

**Tip** 촉이 나뉘는 식물은 분리한다.

3 바닥 면에 활성탄을 골고루 깐다.

**Tip** 화분에 배수 구멍이 없을 경우에는 정수와 탈취 기능을 돕기 위해 활성탄을 깐다.

4 세척 마사를 적당한 높이로 깔아 배수층을 만든다.

**5** 호야 콤팩타를 식재할 위치를 정하고 수형을 잡는다.

**Tip** 하나는 똑바로 선 수형으로 다른 하나는 밖으로 뻗어나가는 느낌으로 연출했다.

**6** 나머지 공간에 다육선인장 배합흙을 골고루 채운다. 꼬챙이로 흙을 다지고 손으로 살짝 눌러준다.

**Tip** 흙마사에 난석이나 마사를 4:6 또는 5:5 정도의 비율로 배합해 사용한다.

**7** 호야 콤팩타의 앞뒤로 빈 곳에 화산석을 배치한다.

**8** 상자의 메인 컬러와 비슷한 검은색의 마감재를 깐 뒤 회색의 마감재를 부분부분 뿌려 포인트를 준다.

**Tip** 마감재로 패키지의 패턴과 비슷한 느낌으로 연출해 통일감을 준다.

## 관리법

　　호야 콤팩타는 단단하고 곱슬거리는 잎을 늘어뜨리며 자라는 덩쿨의 성질을
가지고 있습니다. 잎에 물을 저장하기 때문에 물을 자주 주지 않아도 관리가 수
월한 편이지만, 물을 좋아하고 습도가 높은 환경을 좋아하는 식물입니다. 겉흙이
마르면 약한 물줄기로 흙이 젖을 정도로 조금씩 물을 줍니다. 호야 콤팩타의 원
산지는 따뜻하고 습하기 때문에 추위에 약한 편으로 겨울철에 10도 이하로 떨어
지지 않게 신경 써서 관리합니다. 광량이 부족하면 어렵지만, 해를 잘 보여준다
면 연핑크의 큰 꽃도 피워준답니다.

# 프라이팬을 활용한 디자인

"미니 프라이팬을 활용해 달걀을 표현한 작품입니다.
어느 날 달걀프라이를 하다 탱글탱글한 노른자를 보고
문득 아이디어가 떠올랐습니다.
노란빛이 감도는 동그란 금황환으로 달걀노른자를 표현하고,
밝은 마감재로 달걀흰자 같은 느낌을 냈어요"

식물&용기
금황환, 프라이팬
-
용토
넬솔, 마감재(흰색 고운 입자)
-
도구
모종삽

**Gardener's Note**

식물로 디자인을 하다 보면 무에서 유를 만든다고 할 정도로 많은 고민 끝에 작품을 만들 때도 있고, 갑자기 아이디어가 떠올라 멈출 수 없게 되는 경우도 있습니다. 크리에이티브를 요하는 작업이다 보니 힘들 때도 있지만, 결과물을 낼 때의 짜릿함 때문에 다음 작업이 기대됩니다. 내가 생각한 대로 결과가 나왔을 땐 가슴이 콩닥거리기도 하고, 그걸 사람들이 재미있게 봐줄 땐 더 신이 나니까요. 이 프라이팬 디자인도 그런 디자인 중 하나입니다.

세상의 모든 디자인은 기술적인 부분도 중요하지만 예술적인 부분이 점점 중요해지고 있는 것 같습니다. 저도 이 일을 더 오래도록 재미있게 하려면 제 나름대로 예술을 해야 한다고 믿고요. 누구나 아름다움에 대한 관점이 다르고 추구하는 디자인도 다르기 마련입니다. 나의 스타일대로 자유롭게 만들고 그 결과물을 다른 사람들과 나누다 보면 그 또한 예술이 아닐까요. 무엇보다 중요한 건 이 모든 일을 재미있게 즐기면 된다는 생각으로 작업하고 있습니다. 많은 분들이 쉽고 재미있게 가드닝을 놀이처럼 즐기면 좋겠다는 생각으로 작업실 이름도 '정원놀이'라고 지었답니다.

1 식물의 포트를 조물조물 눌러 흙과 포트 사이
를 분리한다. 한 손으로 포트를 잡고 다른 손
으로 식물의 밑둥을 잡은 채 당겨서 쏙 뺀다.
뿌리 상태를 체크해 너무 검거나 무른 부분은
잘라낸다.

2 넬솔과 물을 2:1 비율로 섞고 점성이 생길 때
까지 잘 반죽한다.

**Tip** 넬솔에 물을 부어 섞어주면 끈적끈적한 점성이 생기
고 물기가 마르면 굳는다.

3 프라이팬 위의 달걀노른자를 떠올리며 금황
환을 올려 적당한 위치를 잡는다.

4 점성이 있는 넬솔 흙을 프라이팬에 먼저 깔고
금황환을 올려 고정한다.

5  흰색의 마감재를 곡선이 있는 둥근 형태로 모
   양을 잡아가며 금황환 주변으로 붓는다.

6  마감재로 모양을 잡은 뒤 손이나 브러시로 가
   장자리를 깔끔하게 정리한다.

### 관리법

    금황환은 광량을 많이 필요로 하는 선인장으로 해가 잘 드는 양지에 두고 관
리하는 것이 좋습니다. 넬솔로 프라이팬에 붙이듯 식재했기 때문에 떨어지지 않
게 물도 신경 써서 줍니다. 물이 천천히 흙에 스며들 수 있도록 분무의 형태로 물
을 주는 것이 좋습니다. 물을 주고 가장자리의 흐트러진 마감재는 손이나 붓을
이용해서 다시 형태를 잡아줍니다.

"꼭 기성품으로 나온 화분에
식물을 식재해야 하는 건 아니랍니다.
일상 속에 자주 쓰는 물건들도
식물을 만나 멋진 디자인으로 재탄생할 수 있어요!"

# 와인 잔 건식 테라리움

"하트 모양의 귀여운 다육이를 더 '러블리'하게 디자인하고 싶었어요.
여러 가지 컬러의 고운 마감재를 와인 잔에 넣어
유리 바깥에서 단면을 감상할 수 있도록 꾸며주고,
정열적인 붉은 컬러의 돌을 사용해 로맨틱하게 표현했습니다."

식물&용기
축전, 와인 잔
-
용토
활성탄, 세척 마사, 다육선인장
배합흙, 마감재(흰색, 모래색,
검은색), 레드 화산석(두 가지
크기), 블랙 화산석
-
도구
모종삽, 붓, 꼬챙이

**Gardener's Note**

통통한 하트 모양으로 '하트 다육이'라는 별명을 가진 죽전을 어울리는 화분에 심으려고 아껴 두고 있었는데, 문득 선물로 받아 고이 모셔 둔 독특한 디자인의 와인 잔이 떠올랐어요. 바로 다육이와 와인 잔이 제 머릿속에서 하나가 되는 모습을 상상하며 작업에 들어갔어요. 사람에게도 짝이 있듯이 식물과 화분에도 짝이 있나 봐요. 각자 자기 짝을 만나서 더 러블리해진 모습입니다.

옆면에도 감상 포인트를 넣어 컬러가 대비되는 마감재로 여러 층을 만들고 뽀얀 마감재를 올렸습니다. 그 위로 큰 덩어리의 붉은 화산석을 올려 포인트를 주고 입자가 작은 화산석 마감재를 살짝 뿌려 이질감이 들지 않게 장식했습니다. 소립의 화산석은 포인트가 되는 큰 화산석과 바탕의 고운 마감재를 연결해주면서 더 돋보이게 해줍니다. 언제나 '강약중강약'이 있어야 포인트가 더 살아나는 법이니까요.

**1** 식물의 포트를 조물조물 눌러 흙과 포트 사이
를 분리한다. 한 손으로 포트를 잡고 다른 손
으로 식물의 밑동을 잡은 채 당겨서 쏙 뺀다.
뿌리 상태를 체크해 너무 검거나 무른 부분은
잘라낸다.

**2** 용기를 깨끗이 씻어 잘 말려서 준비한 뒤 바
닥에 활성탄을 골고루 깐다.

**Tip** 화분에 배수 구멍이 없을 경우에는 정수와 탈취 기능
을 돕기 위해 활성탄을 깐다.

**3** 세척 마사를 깔아 배수층을 만든다.

**Tip** 배수층은 난석을 사용해도 무방하지만 유리 용기는
안이 잘 보이므로 난석보다 먼지가 적은 세척 마사를 사
용했다.

**4** 뿌리가 뻗을 공간을 고려해 다육선인장 배합
흙을 깐다.

**Tip** 흙마사에 난석이나 마사를 4:6 또는 5:5 정도의 비율
로 배합해 사용한다.

5   원하는 위치에 축전을 올리고 흙을 조금 더 넣
    어 고정한다.

**Tip** 흙과 마감재를 넣는 동안 흙먼지나 손자국이 남지
않게 중간중간 마른 휴지나 붓으로 안쪽을 닦으며 작업
한다.

6   용기의 벽 쪽으로 흰색 마감재를 조심스럽게
    넣어가며 채운다.

**Tip** 좁은 부분에 흙을 넣을 때는 종이를 둥글게 말아 깔
때기처럼 쓸 수 있다.

7   용기의 벽 쪽으로 모래색의 마감재를 조심스
    럽게 넣어 층을 쌓는다.

8   색이 대비되는 검은색의 마감재로 한 층을 더
    쌓는다.

**Tip** 마감재의 양을 달리해 층의 두께를 조절할 수 있다.

9  대비를 이루는 흰색 마감재로 마지막 층을 쌓
   는다.

10  비어 보이는 곳에 큰 덩어리의 레드 화산석
    을 먼저 배치하고 작은 크기의 레드 화산석
    을 곳곳에 뿌려 장식한다.

11  비어 보이는 곳에 블랙 화산석을 하나 넣어
    장식한다.

Tip 블랙 화산석은 큰 덩어리의 레드 화산석보다 크기가
작은 것을 고른다.

### 관리법

다육식물은 많은 광량을 요하는 식물군
입니다. 빛을 많이 보여주며 키우되, 갇힌
공간이기에 내부 온도가 너무 높아지지 않
게 통풍에 신경 써서 관리합니다. 식물의
표면이 쪼글쪼글한 느낌이 들면 물이 필요
하다는 신호이니 용기 안쪽 벽면으로 분무
해서 흙 속으로 물이 스며들 수 있게 해줍
니다. 물 자국이 남아 지저분해 보일 수 있
으니, 물을 주고 나서 물방울이 남지 않게
조심스레 휴지로 닦아냅니다.

# 작은 수반을 활용한 디자인

"바닷가의 지형을 닮은 수반 위에 목질화가 되면서
개성 있는 수형으로 단단하게 자란 멘도사를 식재했습니다.
식물이 거친 돌 틈을 뚫고, 돌 위로 타고 오르며 자라는 모습으로 연출했습니다.
작은 화분과 작은 식물이라도 포인트를 확실히 살려주면
재미있는 작품이 됩니다."

**재료**

식물&용기
멘도사, 도자기 수반
-
용토
활성탄, 세척 마사,
다육선인장 배합흙,
화산원석, 마감재(굵은
입자, 고운 입자)
-
도구
모종삽

**Gardener's
Note**

　바닷가의 돌산에서 거센 바닷바람에 맞서 휘어진 모습으로 굳건히 자리를
지키고 있는 식물을 보면 어쩐지 응원하는 마음이 듭니다.

　돌산의 풍경을 떠올리며 거친 화산원석으로 바닷가에서 볼 법한 큰 바위
를 표현했습니다. 그리고 멘도사의 휘어진 수형을 그대로 살려 강인한 생명
력으로 자라나는 식물의 모습을 연출했습니다. 다육식물은 시간이 지나면
아랫부분부터 목대를 만드는 목질화 현상이 일어납니다. 연약한 줄기가 나
무화 되며 줄기가 더 단단해지는 과정입니다.

　식물이 바람에 몸을 맡겨 이리저리 흔들리며 버티고 버티다 보면 더 깊게
뿌리내리고 다음번에 더 센 바람이 오더라도 견뎌낼 수 있는 강한 힘이 생깁
니다. 사람도 똑같은 것 같습니다. 누구에게나 찾아오기 마련인 시련 앞에
도망치기 보다 버티고 버티다 보면 바람이 지나가고 해가 뜨고 더 강해져 있
는 나를 만날 수 있겠지요. '이겨냈다!'는 경험이 각인되면 더 센 바람을 막
아낼 수 있는 용기와 힘이 생기기도 하고요. 살다 보면 힘든 날도 있겠지만
바람 부는 돌산에서도 단단하게 뿌리내린 채 살아가는 나무를 떠올리며 견
뎌보아요. 이 또한 지나갈 거니까. 우리는 단단한 사람들이니까요!

1 식물의 포트를 조물조물 눌러 흙과 포트 사이
를 분리한다. 한 손으로 포트를 잡고 다른 손
으로 식물의 밑동을 잡은 채 당겨서 쑥 뺀다.
뿌리 상태를 체크해 너무 검거나 무른 부분은
잘라낸다.

2 화분을 깨끗이 씻어 말려서 준비한 뒤 바닥
면에 활성탄을 골고루 깐다.

**Tip** 화분에 배수 구멍이 없을 경우에는 정수와 탈취 기능
을 돕기 위해 활성탄을 깐다.

3 세척 마사를 적당한 높이로 깔아 배수층을 만
든다.

4 멘도사를 적당한 위치에 자리 잡고 화분에
다육선인장 배합흙을 넣어 고정한 뒤 흙을
다진다.

**Tip** 화분이 얇기 때문에 꼬챙이로 다지기보다는 손으로
흙을 꾹꾹 눌러준다.

5 화산원석을 올리고 멘도사의 줄기가 돌 위로 기대어 타고 오르는 듯한 모습으로 수형을 잡는다. 흙을 추가해 돌과 식물을 잘 고정한다.

**Tip** 화분이 깊지 않고 식물의 줄기가 길기 때문에 돌을 이용해 식물을 받쳐주면서 디자인에 포인트를 더한다.

6 흙 위로 절반 정도의 공간에 입자가 굵은 마감재를 올려 덮는다.

**Tip** 고운 입자의 마감재를 어디에 배치할지 고민하면서 작업한다.

7 남은 공간에 고운 입자의 마감재를 올려 채운다.

8 고운 입자의 마감재 위에 마사를 자연스럽게 흩뿌린다.

## 관리법

  멘도시는 해가 잘 드는 실내의 양지에 두는 것이 좋습니다. 수분을 많이 머금고 있는 다육식물로 물을 자주 주지 않으며, 물을 준 후에는 통풍에 신경 써서 흙을 잘 말려주는 것이 중요합니다. 겨울철에는 관수 횟수를 더욱 줄여서 쪼글쪼글한 느낌이 들 때 흠뻑 줍니다. 최대 15cm까지 크고 목대가 구불거리는 수형으로 자라기도 합니다. 제일 아래에 있는 잎부터 하엽이 지고, 정부에서 새로운 잎이 나오면서 키가 크게 됩니다. 아래에 말라비틀어진 하엽은 떼어내며 관리합니다. 봄에 온도가 올라가면 하얀 꽃을 피우기도 합니다.

# 흐르는 수형의 다육식물 디자인

"깊은 파란색의 매끈한 화분에 거친 질감의 돌과
화려한 수형의 식물을 함께 매치한 개성 있는 디자인입니다.
톡톡 튀는 컬러의 화분에 화사한 흰색 돌을 선택했고,
돌과 식물 모두 거친 질감과
자유로운 형태가 잘 살아나도록 했습니다."

**Gardener's Note**

크기가 크고 구멍이 있는 해구석을 보며 돌을 타고 오르고 돌 사이를 뚫고 자라는 생명력 강한 식물의 모습을 떠올렸습니다. 공작환의 길고 거친 줄기가 돌 위에서 교차되기도 하고 위로 뻗거나 돌의 구멍 사이로 통과하는 등 다양한 모습으로 표현되었습니다. 공작환은 사방으로 줄기를 뻗으며 자라는 모습 때문에 '메두사 선인장'이라는 별명이 있습니다. 높이가 있는 화분에 흘러내려오는 수형을 살려 식재하기 좋습니다. 산만한 느낌이 들지 않도록 거리를 두고 보면서 라인을 정돈된 느낌으로 연출합니다. 줄기들이 너무 붙지도 벌어지지도 않게 균형감 있게 배치하는 것이 관건입니다.

식물을 처음 식재했을 때의 모습도 중요하지만, 앞으로 자랄 모습까지도 고려해서 수형을 잡으면 더욱 좋습니다. 너무 타이트하지 않은 화분에, 서로 자라면서 엉키지 않을 위치에, 생장하는 데에 막힘이 없도록 신경을 씁니다. 너무 가까이 있다 보면 성장하며 부딪히기 마련이고, 스스로를 해치는 꼴이 되기도 해요.

사람과의 관계도 비슷한 구석이 있다는 생각이 들어요. 친구, 가족, 동료 간에도 너무 밀착하다 보면 지나치게 의존하거나 갈등이 생길 수 있으니까요. 서로 바람이 통할 여유로운 간격이 있어야 성장할 틈이 생기지 않을까요?

## How to Make

1  화분의 배수 구멍에 깔망을 깐다.

2  식물의 포트를 조물조물 눌러 흙과 포트 사이를 분리한다. 한 손으로 포트를 잡고 다른 손으로 식물의 밑동을 잡은 채 당겨서 쏙 뺀다. 뿌리 상태를 체크해 너무 검거나 무른 부분은 잘라낸다.

3  공작환을 화분 옆에 대보고 배수층의 높이를 대략 가늠한다.

4  난석을 적당한 높이로 깔아 배수층을 만든다.

5 뿌리가 뻗을 수 있도록 다육선인장 배합흙을 적당한 높이로 깐다.

**Tip** 흙마사에 난석이나 마사를 4:6 또는 5:5 정도의 비율로 배합해 사용한다.

6 공작환의 줄기를 한 가닥씩 잡아 원하는 수형을 만들고 화분에 다육선인장 배합흙을 넣어 잘 고정한다.

**Tip** 해구석을 올릴 공간을 고려해서 공작환의 위치를 잡는다.

7 비어 보이는 곳에 해구석을 배치한다.

8 해구석의 구멍에 통과시킬 수 있는 줄기가 있다면 구멍으로 넣는다.

9 일부 줄기는 돌에 기대어 타고 흐르듯 수형을
잡아준다. 다 심은 뒤 꼬챙이로 꾹꾹 눌러 흙
을 다진다.

10 밝은색의 고운 마감재를 전체적으로 깔아
흙 위를 덮는다.

11 꼬챙이로 마감재를 돌 사이사이로 넣어가
며 전체적으로 꾹꾹 눌러 다진다. 돌이 부분
부분 자연스럽게 노출되도록 연출한다.

12 입자가 좀 더 굵고 컬러감이 있는 마감재를
군데군데 뿌려 포인트를 준다.

## 관리법

　공작환은 배수가 잘되는 양지바른 곳에서 잘 자랍니다. 과습이 오지 않도록 신경 쓰고 월동 기간에 10도 이상으로 온도를 유지해줍니다. 공작환의 줄기에 상처가 나면 흰 즙이 나오는데 몸에 해로울 수 있으므로 눈이나 상처 부위에 닿지 않도록 합니다.

# 다육식물 & 선인장 합식 디자인

"가로로 긴 화분에 다육식물과 선인장을 합식한 디자인입니다.
'공룡이 사는 곳이라면 왠지 이렇게 생겼을 것 같다'는
상상으로 만들어진 작품입니다.
식물 디자인을 할 때 나만의 스토리를 더하면
만드는 작업도 신이 나고 애정도 깊어지는 것 같아요."

**Gardener's Note**

동글동글 귀여운 모습부터 뾰족한 가시가 달린 독특한 모습이나 원시적인 형태 등 다양한 선인장과 다육식물을 보며 쥐라기 시대가 떠올랐어요. 직접 경험하는 것에서 영감을 받는 경우도 있지만, 경험해보지 못한 세계에 대해 상상의 나래를 펼치며 작품을 만들기도 한답니다. 식물을 고르고 조합해 나의 상상을 구체적인 형태와 분위기로 만들어 나가는 것, 가보지 않은 세상을 내 손으로 직접 만드는 짜릿함이 있지요.

긴 화분에 식물과 돌을 나란히 배치하면 자칫 단조로워 보일 수 있어요. 여러 가지 형태의 큰 식물을 다양한 얼굴 각도로 식재해 지루하지 않게끔 연출하고, 리톱스를 곳곳에 심어 알록달록한 컬러감을 더해주었어요. 화분의 톤에 맞춰 마감재를 어둡게 깔아, 식물 본연의 색이 더 돋보이게 했습니다.

1   화분의 배수 구멍에 깔망을 깐다.

2   식물의 포트를 조물조물 눌러 흙과 포트 사이가 분리되면 밑동을 잡고 포트의 아래에서 위로 밀면서 쏙 뺀다. 뿌리 상태를 체크해 너무 검거나 무른 부분은 잘라낸다.

3   뿌리가 가장 큰 식물을 화분 옆에 대보고 배수층의 높이를 대략 가늠한다.

4   화분에 난석을 적당한 높이로 깔아 배수층을 만든다.

5   뿌리가 뻗을 공간을 고려해 다육선인장 배합
     흙을 깐다.

**Tip** 흙마사에 난석이나 마사를 4:6 또는 5:5 정도의 비율
로 배합해 사용한다.

6   식재 전에 돌과 식물을 다양하게 배치해 보고
     대략적인 위치를 잡는다.

7   화분 가장자리의 한쪽 모서리에 홍페페의 위
     치를 잡고 적당한 높이로 오도록 흙을 채워 식
     재한다.

8   홍페페의 옆에 화산원석을 올린다.

**9** 돌 옆에 동그란 오베사를 놓고 얼굴 방향을
잡은 뒤 흙을 채워 식재한다.

**Tip** 식물을 일괄적으로 수직으로 심기보다 얼굴 각도를
조금씩 다르게 식재하면 단조롭지 않게 연출할 수 있다.

**10** 반대쪽 모서리 부분에 축옥을 식재한다.

**11** 모서리에 식재한 축옥 옆에 화산원석 하나
를 울퉁불퉁한 부분이 잘 보이게 올린다.

**12** 돌 옆에 황파를 식재한다.

**Tip** 화분 밖으로 살짝 튀어나와도 좋으니, 식물의 얼굴
방향과 각도를 다양하게 식재한다.

**13** 모종삽으로 부분부분 흙을 채워 전체적인 지형의 높이를 맞춰준다.

**14** 가장 비어 보이는 곳에 색이 다른 리톱스 두 개를 식재한다. 리톱스는 뿌리가 매우 빈약하기 때문에 심을 곳에 구멍을 살짝 파서 넣고 흙을 덮어 고정한다.

**15** 뒷부분에 비어 보이는 공간에도 리톱스를 하나 식재한다.

**Tip** 작은 식물을 가까운 공간에 심어 포인트를 줄 때는 개수를 다르게 해서 자연스럽게 연출한다.

**16** 화분을 돌려가며 모서리 부분이나 돌 밑 등 빈 곳에 리톱스를 군데군데 포인트로 식재해 균형 있게 채운다.

**17** 식물과 돌이 없는 곳에 흑사를 마감재로 조금씩 부어서 깐다.

**18** 꼬챙이로 식물 밑부분에 마감재를 밀어 넣어 잘 채워준다.

**Tip** 완성 후 브러시나 티슈로 식물 위의 흙먼지를 제거한다.

### 관리법

    입자가 고운 마감재로 마감했기 때문에 물줄기를 약하게 조절하며 물을 주는 것이 좋습니다. 마감이 흐트러지지 않도록 저면관수를 해도 됩니다. 다육식물과 선인장은 대부분 물주기가 긴 식물들이지만 식물의 크기에 따라 물주기에 차이가 있을 수 있습니다. 화분이 좁고 긴 형태로 물이 필요한 식물 근처로만 물을 내려주며 관리할 수 있습니다. 식물의 표면이 쪼글쪼글한 느낌이 들거나 만졌을 때 말랑거리면 수분이 필요하다는 신호이니 물을 듬뿍 주면 됩니다.

# 다육식물 & 선인장 테라리움

"동그란 유리볼 안에 반짝이는 세상을 만들었습니다.
보송보송 하얀 털로 덮인 다육식물과 선인장, 흰 점박이가 있는 선인장 등
흰색이 들어있는 식물들과 화이트 톤의 마감재를 선택해
전체적인 분위기를 통일감 있게 연출했습니다."

식물&용기
반야선인장, 노락선인장,
자태양, 필카엔스, 브라질리아,
바닥이 둥근 유리 용기
-
용토
활성탄, 난석, 자갈(모래색,
회백색, 백사), 다육선인장
배합흙, 해구석, 세척 마사
-
도구
모종삽, 꼬챙이, 붓

**Gardener's Note**

테라리움 속에 작은 세상을 만드는 시간. 다양한 크기와 형태, 색감의 식물을 넣어 시각적인 즐거움을 더해주었습니다. 볼 안에 여러 개의 식물을 배치할 때는 크기와 생장속도를 고려해야 합니다. 식물을 모두 같은 방향으로 심는 것보다는 얼굴 방향을 조금씩 다르게 연출하면 보는 방향에 따라 다양한 느낌을 줄 수 있습니다.

돌 틈에서 자라나는 식물, 땅에 박혀 자라는 식물, 좁은 공간 안에서 비집고 자라는 듯한 식물 등 자연 속 식물의 다양한 모습을 떠올리며 여러 방식으로 식재했습니다. 다채로운 식물들과 하얀 해구석, 고운 백사가 어우러져 신비로운 느낌을 자아냅니다. 자칫 인위적인 느낌을 줄 수 있기 때문에 마무리로 너무 튀지 않는 색감의 마감재를 토핑처럼 올려 구역별로 포인트를 주었습니다. 처음 작품을 보면 전체적인 컬러와 질감에 매료되는데, 자세히 들여다보면 식물 각각의 연출에서 또 다른 재미를 느낄 수 있답니다.

1 식물의 포트를 조물조물 눌러 흙과 포트 사이
를 분리한다. 한 손으로 포트를 잡고 다른 손
으로 식물의 밑동을 잡은 채 당겨서 쏙 뺀다.
뿌리 상태를 체크해 너무 검거나 무른 부분은
잘라낸다.

2 유리 용기를 깨끗이 씻어 잘 말려서 준비한
다. 바닥 면에 활성탄을 골고루 깐다.

**Tip** 화분에 배수 구멍이 없을 경우에는 정수와 탈취 기능
을 돕기 위해 활성탄을 깐다.

3 용기에 난석을 적당한 높이로 깔아 배수층을
만든다.

4 유리 용기의 밖에서 보이는 라인을 고려해 손
으로 모양을 잡아가며 유리 벽 쪽으로 모래색
자갈을 깐다.

5 가운데 움푹 팬 부분에 다육선인장 배합흙을
도톰하게 깐다.

**Tip** 흙마사에 난석이나 마사를 4:6 또는 5:5 정도의 비율
로 배합해 사용한다.

6 가장 키가 큰 노락선인장을 먼저 위치를 잡아
식재한다.

7 노락선인장 옆에 큰 해구석을 하나 배치한다.

8 돌 옆으로 노락선인장과 기울기를 살짝 달리
하여 반야선인장을 식재한다.

**9** 브라질리아를 유리 벽면 가까이에 식재한다.

**Tip** 벽 쪽으로 심는 식물은 옆에 돌을 놓기 전에 먼저 자리를 잡아준다.

**10** 노락선인장과 브라질리아 사이에 해구석을 배치한다. 서로 밀어주는 힘이 생길 수 있도록 단단하게 자리 잡아준다.

**11** 유리 밖에서 보이는 모습을 확인하면서 반야선인장과 돌 옆의 비어 있는 자리에 작은 크기의 반야선인장을 식재해 채워준다.

**12** 크기가 작은 자태양이 잘 보이도록 큰 해구석의 끝에 위치시키고, 얼굴 각도에 신경 써서 식재한다.

**Tip** 작은 식물은 묻히지 않도록 용기를 정면에서 바라봤을 때 잘 보이는지 확인하면서 위치를 잡는다.

**13** 용기 안에 전체적으로 백사를 뿌려서 자갈
과 흙을 덮는다.

**14** 반야선인장과 해구석 근처에 모래색 자갈
을 뿌려 포인트를 준다.

**15** 작은 잎이 하얀 솜털로 덮인 브라질리아 근
처에는 백사와 톤이 비슷한 회백색 자갈을
살짝 뿌려서 포인트를 준다.

**Tip** 은은한 색감의 자갈로 어우러지게 장식한다.

**16** 자태양 근처에 마사를 살짝 뿌려 마무리
한다.

다육식물이나 선인장은 공중 습도가 너무 높을 경우 무를 수 있기 때문에 공중 습도를 건조하게 관리하는 편이 좋습니다. 부피가 작아졌거나 만져봤을 때 말랑거린다면 물을 줄 때랍니다. 테라리움은 식물에 직접 물을 뿌리기보다는 유리 안쪽 벽면으로 분무를 하여 물이 자연스럽게 스며들게 해줍니다. 광량이 적당하고 통풍이 잘되는 실내에 두는 것이 좋습니다.

# 키 차이가 큰 다육식물 합식

"줄기가 목질화되며 키가 크는 다육식물과 바닥에 붙어 자라는 다육식물,
키 차이가 큰 두 식물을 함께 식재한 디자인입니다. 넓게 퍼져서 자라는
별의눈물은 아래쪽 넓은 지형을 채워주는 역할을 합니다.
그 위로 구불구불 자라나는 까라솔을 배치해
한 땅에서 오래도록 함께 자라온 듯한 모습으로 연출했답니다."

식물&용기
별의눈물, 까라솔,
넓은 원형 화분
-
용토
난석, 다육선인장 배합흙,
화산원석, 에그 스톤,
세척 마사
-
도구
모종삽, 깔망, 꼬챙이

**Gardener's Note**

어느 날 농장 구석에서 '별의눈물'이라는 다육식물을 보고 한눈에 반해버렸어요. 촘촘하고 넓게 퍼지면서 자라고 봄에는 예쁜 꽃도 볼 수 있습니다. 수분이 충분할 때는 탱탱하게 서있는 모습이 너무 귀엽고, 수분이 부족하면 풀이 죽은 듯 축 처지는 모습에 더욱 애착이 가서 '최애 식물' 중 하나가 되어버렸지요. 키가 작고 넓은 면적으로 퍼지며 자라는 성질로 해외에서는 바닥이나 지붕 위를 덮는 용도로 많이 사용하는 식물이라고 합니다. 그러한 특징을 잘 살려 입구가 넓은 화분 위에 별의눈물로 넓은 들판을 표현해보았습니다.

화분 위의 여백은 심플하게 세척 마사로 덮어주고 허전해 보이지 않도록 곳곳에 돌을 올려 장식했습니다. 잎끝이 뾰족하고 키가 큰 까라솔 옆에는 거칠고 높이가 있는 화산원석을 놓아주고, 차분한 별의눈물과 화분 가장자리 쪽으로는 심플한 에그 스톤을 올려 디자인했습니다.

1  화분의 배수 구멍에 깔망을 깐다.

2  식물의 포트를 조물조물 눌러 흙과 포트 사이
를 분리한다. 한 손으로 포트를 잡고 다른 손
으로 식물의 밑동을 잡은 채 당겨서 쏙 뺀다.
뿌리 상태를 체크해 너무 검거나 무른 부분은
잘라낸다.

3  까라솔을 화분 옆에 대보고 배수층의 높이를
대략 가늠한다. 난석을 적당한 높이로 깔아
배수층을 만든다.

4  화분에 다육선인장 배합흙을 80~90% 높이
로 채운다.

Tip 흙마사에 난석이나 마사를 4:6 또는 5:5 정도의 비율
로 배합해 사용한다.

5 까라솔의 위치를 정하고 흙을 충분히 파서 심은 뒤에 꼬챙이로 흙을 꾹꾹 눌러 다진다.

**Tip** 별의눈물을 넓게 식재할 공간을 고려해 까라솔의 위치를 잡는다.

6 까라솔을 식재한 자리 옆에 흙을 파서 별의눈물을 심은 뒤에 꼬챙이로 흙을 꾹꾹 눌러 다진다.

7 마감재로 마사를 흙 위에 골고루 올린다.

8 까라솔 아래의 빈 곳에 큰 화산원석을 배치한다.

**9** 큰 화산원석 옆으로 작은 화산원석을 배치한다.

**10** 화분 앞쪽의 빈 곳에 크고 작은 에그 스톤을 배치해 장식한다. 전체적으로 살펴보고 빈 곳에 돌을 올려 완성한다.

**Tip** 에그 스톤을 다양한 크기로 사용하면 몇 개만으로도 장식 효과를 높일 수 있다.

## 관리법

까라솔은 까다롭지 않은 동형다육이고, 별의눈물도 추위에 매우 강한 다육식물입니다. 까라솔은 햇빛을 많이 보여주면 잎끝의 붉은 무늬가 선명해집니다. 별의눈물은 옆으로 퍼지며 자라는 식물이라 성장함에 따라 마감한 재료를 걷어내도 좋습니다. 별의눈물은 과습이 오면 무를 수 있으므로 물을 자주 주지 않고, 힘없이 축 처지는 느낌이 들 때 물을 듬뿍 주면 됩니다. 습한 여름에는 물주기를 더 길게 해서 과습이 오지 않도록 관리합니다.

# 액자를 활용한 디자인

"액자 틀 안에 작은 정원을 만들었습니다.
액자 디자인을 할 때 식물이 너무 크면 액자 틀이 묻히고,
성장 속도가 너무 빠르면 분을 금세 교체해야 하므로
적절한 식물을 선택하는 것이 중요해요. 오십령옥과 프로스트라타를 활용해
살아있지만 오래 감상할 수 있는 액자 속 작품을 만들었습니다."

**식물&용기**
오십령옥, 프로스트라타,
깊이가 깊은 액자
-
**용토**
활성탄, 난석, 다육선인장
배합흙, 화산원석,
마감재(어두운색), 나무껍질
-
**도구**
비닐, 가위, 테이프, 모종삽,
꼬챙이

**Gardener's
Note**

　폭이 깊은 액자를 사용하여 만든 작품입니다. 목재에 심을 때는 비닐로 방수처리를 하지만, 수분에 취약할 수 있기 때문에 물을 자주 주지 않아도 관리가 가능한 식물을 식재하는 것이 좋습니다. 작품을 오래 감상할 수 있도록 다육식물 중에서도 성장이 너무 빠르지 않은 식물을 고르는 것이 좋습니다. 또한 위로 솟으며 자라는 수형이 아니라 이리저리 뻗으며 자라는 수형이 잘 어울립니다.

　큰 돌들로 지형을 만들고 식물들이 능선을 타고 오르락내리락 하는듯한 느낌으로 곳곳에 식재해 각자의 매력과 형태를 감상할 수 있습니다. 마감재는 액자의 컬러에 맞춰 어두운색으로 깔고 나무 조각을 넣어 지형의 질감과 색감을 풍부하게 표현하였습니다.

　정답이 없는 일을 한다는 건 스스로 길을 만들어가야 한다는 의미입니다. 여러 가지 돌 중에 마음에 드는 돌을 골라 툭 놓아보는 것이 시작입니다. 마음에 들지 않으면 다른 위치에 놓아보고 다른 사이즈를 골라보면서 어울리는 자리를 찾아가다 보면 어느새 길이 만들어져 있지요.

# How to Make

1 액자와 비닐을 준비한다. 비닐을 적당한 크기로 잘라 액자 안쪽에 깔고 테이프로 고정해 방수 처리를 한다.

2 식물의 포트를 조물조물 눌러 흙과 포트 사이를 분리한다. 한 손으로 포트를 잡고 다른 손으로 식물의 밑동을 잡은 채 당겨서 쏙 뺀다. 뿌리 상태를 체크해 너무 검거나 무른 부분은 잘라낸다.

**Tip** 촉이 나뉘는 식물은 분리한다.

3 바닥 면에 활성탄을 골고루 깐다.

**Tip** 화분에 배수 구멍이 없을 경우에는 정수와 탈취 기능을 돕기 위해 활성탄을 깐다.

4 난석을 적당한 높이로 깔아 배수층을 만든다.

5 뿌리가 뻗을 공간을 고려해 다육선인장 배합
흙을 깐다.

Tip 흙마사에 난석이나 마사를 4:6 또는 5:5 정도의 비율
로 배합해 사용한다.

6 한쪽 코너에 큰 화산원석을 올리고 옆에 늘어
지는 수형의 프로스트라타를 함께 식재한다.
돌 위로 줄기를 올려 흘러내리게 연출한다.

7 처음 올린 화산원석보다 낮고 긴 돌을 옆에
올리고 프로스트라타를 함께 식재한다.

Tip 프로스트라타가 돌 위로 타고 올라가고 흘러내리듯
연출한다.

8 긴 화산원석의 끝부분에 오십령옥을 식재
한다.

**9** 액자 앞쪽 코너의 빈 곳에 오십령옥을 식재한다.

**10** 오십령옥의 뒤로 살짝 작은 화산원석을 배치한다.

**11** 뒤쪽 코너의 빈 곳에도 동일한 방식으로 돌과 오십령옥을 식재한다.

**12** 프로스트라타의 잎이 무성해 보이는 부분을 가위로 잘라서 정리한다.

**13** 비어 있는 앞부분에 적당한 크기의 화산원
석을 올리고 프로스트라타를 함께 식재해
채운다. 전체적으로 비어 보이는 부분이 있
는지 살펴서 돌을 올려 장식한다.

**14** 전체적으로 균형이 잡히면 어두운색의 마
감재를 골고루 올려서 돌과 식물을 잘 고정
한다. 꼬챙이로 마감재를 돌 사이사이로 넣
어가며 전체적으로 꾹꾹 눌러 다진다.

**15** 전체적으로 어두운 느낌을 주는 바탕에 나
무껍질 조각이나 돌을 군데군데 포인트로
꽂아 장식한다.

## 관리법

다육식물이므로 해가 잘 드는 밝은 양지
에 두고 관리하는 것이 좋습니다. 얇고 넓
은 액자에 식재했기 때문에 식물마다 물주
기가 다르더라도 구분하여 물을 줄 수 있
습니다. 배수 구멍이 없으므로 물을 많이
주지 않고, 식물 뿌리 근처의 흙이 충분히
젖을 수 있도록 해줍니다. 프로스트라타는
늘어지며 자라기 때문에 액자 밑으로 많이
길어지면 조금씩 잘라주며 관리합니다.

# Design Works

다육식물 & 선인장 작품

# 조슈아트리 국립공원 디자인

**식물** 청솔  **재료** 납작하고 둥근 화분, 활성탄, 난석, 다육선인장 배합흙, 목문석, 드라이 소재들

　미국 캘리포니아의 조슈아트리 국립공원에 간 적이 있습니다. 사막이라고 하니 끝없이 펼쳐진 모래사장을 떠올렸는데, 이곳은 상상 속 사막과는 또 달랐습니다. 기괴하고 거대한 암석, 웅장한 나무들이 만들어내는 풍경은 거친 사막에 대한 새로운 영감을 주었습니다. '대자연은 바로 이런 것이구나' 하며 감탄해 마지않았지요.

　청솔을 처음 봤을 때 조슈아트리 국립공원에서 본 나무가 떠올랐습니다. 그래서 이 식물로 이국적이면서도 거친 사막의 느낌을 표현해보면 재밌겠다는 아이디어에서 출발한 작품입니다. 조슈아트리 국립공원은 유성우를 관측하기에도 안성맞춤인 곳으로 유명한데, 실제로 밤이 찾아오자 별이 쏟아지는 밤하늘의 풍경이 인상 깊었습니다. 마치 밤하늘에 별이 박혀 있는 듯한 느낌을 주는 어두운 바탕에 하얀색과 노란색의 점박이 무늬가 있는 화분를 골랐습니다. 바닥은 울퉁불퉁하게 불규칙적으로 표현하되, 컬러를 맞춰 통일감을 주었습니다. 그리고 꽃다발에서 남은 드라이 소재로 장식해 건조한 사막의 느낌으로 연출한 작품입니다.

TIP

과습에 취약하고 물을 자주 주지 않
아도 되는 다육식물입니다. 식물의
줄기가 쪼글쪼글한 느낌이 들거나
만졌을 때 말캉거리면 물을 듬뿍 줍
니다. 낮고 넓은 화분에 식재했기
때문에 식물이 식재된 곳의 흙이 충
분히 젖을 수 있도록 관수하며, 통
풍이 잘되는 곳에서 관리합니다.

# 세라믹 화분에 선인장 디자인

**식물** 청하각금
**재료** 세라믹 화분, 활성탄, 난석, 다육선인장 배합흙, 목문석(세 가지 크기)

　뾰족한 선인장에 거친 화분만 어울리는 것은 아닙니다. 청하각금은 뾰족한 가시를 가지고 있지만, 줄기 부분의 노란 무늬가 마치 대리석의 무늬 같은 느낌을 줍니다. 또한 줄기가 매끈한 질감이어서 매끈한 세라믹 화분과 궁합이 좋습니다. 청하각금과 결이 비슷하고 화분과 컬러 톤이 비슷한 목문석을 사용해 마감 디자인을 했습니다. 돌로 장식해 마감할 때는 돌끼리 서로 힘을 받아 움직이지 않게끔 고정해주는 것이 중요합니다.

**TIP**

스톤 마감을 하면 물을 줄 때 흙이 넘치는 것을 방지해주는 효과가 있지만, 물을 준 뒤에 과습이 오지 않도록 통풍에 신경 써주세요.

# 스퀘어 화분에 솟아오른 공작환

**식물** 공작환
**재료** 사각형 자기 화분, 깔망, 난석, 다육선인장 배합흙, 화산원석, 마감재(어두운색)

각진 화분에 솟구치는 형태의 다육식물을 식재하려니 가운데가 봉긋하게 올라오게 심어도 재밌겠다는 생각이 들었습니다. 위쪽을 향해 우뚝 솟은 수형을 살려 가운데에서 팡 터져서 사방으로 펼쳐지는 느낌을 표현하고, 지형도 화분 위로 높게 잡아주었습니다. 울퉁불퉁한 굴곡진 돌로 가파른 경사가 있는 거친 돌산을 표현했고, 산 정상에 올랐을 때의 힘들지만 황홀한 느낌을 담아보고자 했습니다. 화분에 비해서 식물이 작은 편이지만 화분 위에 구석구석 포인트를 넣어 허전해 보이지 않도록 디자인했습니다.

> **TIP**
>
> 해가 잘 들고 통풍이 잘되는 곳에서 건조하게 관리하며, 식물의 줄기가 쪼글쪼글한 느낌이 들거나 만졌을 때 말캉거리면 물을 듬뿍 줍니다.

# 낚싯줄을 활용한 디자인

**식물** 황파
**재료** 플라스틱 화분, 깔망, 난석, 다육선인장 배합흙, 마감재(푸른빛이 도는 자갈), 낚싯줄

바다색을 닮은 화분에 상어를 닮은 식물을 함께 식재한 디자인입니다. 바닷가에 놀러 갔을 때 끊어진 낚싯줄, 바늘 등의 쓰레기들이 해안을 어지럽히고 있는 모습을 보고 바닷속 쓰레기로 고통받고 있을 바다 동물들이 떠올라 마음이 좋지 않았습니다. 그날의 기억을 떠올리며 바닷속의 상어가 입을 벌린 채 발버둥 치며 힘들어하는 느낌을 극적으로 표현하고자 황파를 식재하고 낚싯줄로 감아주었습니다. 상어가 곳곳에서 튀어나오는 느낌을 내기 위해 식물의 얼굴을 틀어서 식재하고, 거칠어진 해수면을 표현하기 위해 바다의 컬러를 가진 거친 재료로 마감하였습니다.

**TIP**

황파의 몸통을 체크해서 말랑거릴 때 물을 듬뿍 주며 관리하면 됩니다.

# 동그란 화분에 식재한 다육식물

**식물** 프로이노사
**재료** 동그란 시멘트 화분, 깔망, 난석, 다육선인장 배합흙, 목문석, 마감재(입자가 굵은 자갈)

동그란 화분에 나무를 닮은 작은 다육이, 프로이노사를 식재했습니다. 화분이 작을 때는 식물이 너무 빨리 자라면 금방 화분과 밸런스가 깨져 보일 수 있으니 천천히 자라는 식물을 고르는 것이 좋습니다. 오밀조밀 자라는 프로이노사를 심으니 마치 작은 동산 위에 나무들이 빽빽하게 서있는 것 같은 느낌을 줍니다. 입구 부분이 경사가 있어서 무게감이 있는 마감재로 마감을 해주는 것이 관리하기 좋습니다. 빈 곳에는 작은 목문석으로 포인트를 주었습니다.

**TIP**

경사로 인해 마감재들이 흘러내릴 수 있기 때문에 약한 물줄기로 물을 주거나, 저면관수를 합니다.

SUCCULENT PLANT & CACTUS

# 돌산을 타고 흐르는 다육식물

**식물** 원종벽어연
**재료** 원형 토분, 깔망, 난석, 다육선인장 배합흙, 화산원석, 마감재(어두운 색)

원종벽어연은 하트 모양의 잎에서 하트 모양의 새순이 나오며 자라는 사랑스러운 다육이입니다. 어두운 컬러와도 잘 어울리는 깊은 색을 가지고 있어서 카키색 토분에 식재했습니다. 거친 질감과 어두운색으로 무게감을 주는 화산원석을 사용해 돌산을 표현하고, 마치 줄기가 돌산을 타고 사방으로 뻗어가며 자라는 듯한 형태로 디자인했습니다. 하트가 여기저기 뻗어져 나가는 듯한 사랑스러운 에너지를 줄 수 있는 작품입니다.

**TIP**

햇빛을 많이 보여주며 키워야 웃자라지 않습니다. 잎이 쪼글쪼글거리는 느낌이 들면 물을 듬뿍 줍니다.

# 귀여운 다육이 모듬

**식물** 녹귀란, 구갑기린
**재료** 각진 세라믹 화분, 활성탄, 난석, 다육선인장 배합흙, 라바 스톤(두 가지 크기), 마감재(검은색)

각진 화분에 귀여운 다육식물들을 함께 식재했습니다. 식재하면서 떨어진 동글동글한 녹귀란 잎을 군데군데 꽂아 장식했습니다. 다육식물은 워낙 뿌리를 잘 내리고 번식을 잘하니 떨어진 잎을 흙에 꽂아두면 새로 뿌리를 내려서 한 개체가 될 수도 있습니다. 그 옆으로는 도깨비방망이를 닮은 구갑기린을 포인트로 심어주었습니다. 동그랗고 매끈한 라바 스톤을 배치하고 어두운 마감재를 깔았습니다. 밝은색의 화분에 식물들도 귀여운 느낌이 강해서 식물의 컬러가 더 돋보이도록 어두운 마감재를 사용해 톤을 다운시켰습니다. 흙에 섞인 난석이나 마사와 같은 돌들이 자연스럽게 올라오도록 배치하면 자연스러운 느낌으로 연출할 수 있습니다.

**TIP**

배수 구멍이 없는 화분이고,
고운 마감재로 마감하기 때문
에 물은 약한 물줄기로 조금
씩 주는 것이 좋습니다.

179

# 거친 사막의 낮과 밤

**식물** 랑세 올라타(마이웨이), 사마로
**재료** 빈티지 시멘트 화분, 깔망, 난석, 다육선인장 배합흙, 천기석, 세척 마사, 마감재(화산석)

다육식물을 큰 돌과 함께 연출한 디자인입니다. '마이웨이'라는 유통명
을 가진 랑세 올라타는 자세히 보면 부들부들한 털이 있는 다육식물입니다.
다육식물 같지 않고 꽃처럼 생긴 이국적인 외모로 신비한 느낌을 준답니다.
목대가 길게 발달해 있으며 잎 안에 붉은색, 노란색, 초록색이 함께 들어있
는 오묘한 색감을 보여줍니다. 긴 목대를 살려 빈티지한 화분에 식재하고

덩어리가 큰 천기석과 함께 연출하니 건조한 사막의 느낌이 물씬 납니다. 허전한 큰 돌의 뒷부분에 작은 사마로 하나를 식재하여 포인트를 주고, 색을 조화롭게 연출하기 위해 사마로의 컬러와 비슷한 블랙 화산석을 멀칭해 주었습니다.

TIP

마이웨이의 경우 잎에 힘이 없어 보일 때 물을 듬뿍 주면 됩니다. 두 식물의 사이즈 차이가 있어 물주는 주기가 달라질 수 있으니 필요한 식물 쪽으로 물을 내려주어도 좋습니다.

# 유리 용기 속의 다육 세상

**식물** 희성미인
**재료** 긴 유리 용기, 활성탄, 컬러 자갈(두 가지 색), 레드 화산석, 블랙 화산석, 마감재(화산석)

작은 유리 용기에 다육식물을 넣어 만든 테라리움입니다. 빛이 잘 투과되는 유리 용기를 사용하는 것이 좋습니다. 한 손에 쏙 들어오는 작은 사이즈이지만 오밀조밀 감상할 수 있는 다양한 포인트가 담겨있습니다. 작은 알갱이 같은 잎을 가진 희성미인의 형태가 돋보이도록 거친 질감의 큰 돌을 옆에 놓아주니 레드 화산석과 블랙 화산석 사이에서 비집고 자라나는 듯한 생명력을 보여줍니다. 유리 벽면으로 보이는 부분이 너무 어둡게 보이지 않도록 자갈층 사이에 밝은색의 자갈을 넣어 포인트를 주었습니다.

TIP

다육식물은 습기를 좋아하지
않기 때문에 뚜껑을 자주 열
어 환기시켜주고 물을 준 뒤
에는 마를 때까지 뚜껑을 열
어 둡니다.

# 사막의 선인장

**식물** 원숭이꼬리 선인장, 홍기린, 잔설령, 틸란드시아 이오난사
**재료** 목문석(두 가지 크기), 유목, 코코넛껍질, 세척 마사, 낙타 인형

사막 특유의 환경을 연출하기 위해서 건조한 질감과 샌드 컬러의 재료들
을 많이 사용했어요. 몽골 사막의 거칠고 투박한 느낌을 표현하기 위해 다양
한 크기의 돌을 배치하고 건조한 코코넛껍질과 말라비틀어진 것 같은 나무
들도 군데군데 넣어주었습니다. 그 사이로 땅 위를 기어갈 것만 같은 원숭이
꼬리 선인장과 홍기린, 잔설령 등 선인장을 자유로운 형태로 배치하였습니

다. 큰 유목으로 중심을 잡고 존재감이 강한 원숭이꼬리 선인장을 높은 곳에서 흘러내리는 느낌으로 임팩트 있게 연출했습니다. 그리고 척박한 곳에서 자라는 생명체를 보여주기 위해 유목 틈 사이에 이오난사를 끼워주었어요. 몽골 여행 중 사온 낙타 인형들을 올리니 정말 사막 같은 느낌이 들지요!

TIP

선인장은 광량을 많이 필요로 하는 식물이라 실내에서 해가 잘 드는 양지에 두고 키우는 것이 좋습니다. 같은 재료로 건식 테라리움으로 연출할 수 있습니다.

# Orchid & Moss Design
## 착생식물 디자인

식물의 표면이나 바위면에 붙어서
자라는 식물로 난초, 이끼류,
에어플랜트 등이 여기에 속한답니다.
아름다운 꽃을 피워 사랑받는 난초는
잎과 줄기의 형태를 살려 멋진 디자인을
만들 수 있습니다. 초록초록한 이끼는
화분에 자연스러움을 더해주고
그 자체로 멋진 작품을 만들 수 있지요.
다양한 환경에서 생존해 온 식물로
각자의 특성을 살려 매력적인
작품을 완성해보세요.

# Care | 착생식물 관리법

착생식물은 말 그대로 어딘가에 '착생'하여 사는 식물입니다. 자연에서 나무 기둥이나 바위틈에 붙어 자라기도 합니다. 난초과의 식물, 양치식물, 선태식물, 지의류 등이 착생식물에 해당합니다.

## 난초류의 관리

기근이 발달해 있는 난초는 '뿌리의 식물'이라 불릴 정도로 뿌리가 중요한 식물입니다. 뿌리를 잘 관리하여 잎을 내고 꽃을 피우는 식물입니다. 난초는 나무의 줄기나 바위 등에 뿌리를 뻗어서 성장하는 착생란과 흙에 뿌리를 내리고 사는 지생란이 있습니다. 우리가 흔히 아는 난초류는 대부분 착생란입니다. 착생란은 수태나 바크를 이용해 식재합니다. 온도의 영향도 많이 받아 식물에 따라 선호하는 생육온도를 세심히 맞춰주는 것이 좋습니다. 광합성을 잘해야 건강하게 자랄 수 있으므로 채광이 좋은 곳에 두고, 습한 환경을 좋아하므로 공중 습도 유지와 물주기에 신경 써서 관리합니다.

## 이끼류의 관리

이끼는 구조가 단순하여 약간의 빛과 수분만 있어도 생육이 가능합니다. 외부에서는 볕이 잘 드는 공간에서 잘 자라지만, 실내에서 키울 때는 밀폐된 용기 또는 시원하고 습한 곳에서 관리하는 것이 좋습니다. 주기적으로 분무기로 물을 뿌려 촉촉하게 유지합니다.

## 에어플랜트의 관리

에어플랜트는 자연에서 자생하는 모습이 마치 공중에서 자라는 것처럼 보여 붙여진 이름입니다. 뿌리가 착생하는 일 외엔 큰 역할을 하지 않고, 식물체에 발달한 '트리콤'이라는 구조로 공기 중의 수분과 양분을 흡수합니다. 수분이 부족할 땐 트리콤이 발달하여 은회색을 띠게 됩니다. 공기 중의 습도를 빨아들이기도 하지만, 주기적으로 분무를 하거나 물에 충분히 담가 관수합니다. 물을 충분히 흡수하고 나면 조금 더 초록색을 띠게 됩니다. 물에 담근 뒤에는 잎 사이에 물이 고이지 않게 물기를 잘 털어 관리해줍니다.

## 착생식물 식재하기

착생식물은 지면에 뿌리를 내리고 사는 식물이 아닌 나무나 바위 등에 붙어 착생하는 식물입니다. 흙에 뿌리를 내리지 않고, 안개, 이슬, 비, 공기 중에서 영양분과 수분을 흡수하므로 흙에 식재하지 않습니다. 대표적인 착생식물로 난초류의 식물들이 있는데, 착생란은 일반적으로 수태나 바크에 식재합니다.

에어플랜트는 식물체의 '트리콤'이라는 구조를 통해 수분과 양분을 흡수하므로 용토에 식재하지 않고, 어레인지할 곳에 올려두거나 공중에 매달아 키웁니다. 연출 방법이 매우 간편해 다양한 디자인을 가능하게 해줍니다.

Ⓐ —— **마감재** 디자인적인 재미를 더한다. 유리 용기에 여러 가지 색과 질감의 마감재로 층을 쌓아 감상할 수
있다.

Ⓑ —— **수태 & 바크** 착생란은 흙에 식재하지 않고 나무껍질인 바크, 배수성과 보수성이 좋은 수태 등을 이용
해 뿌리 부분을 채운다. 위로 이끼를 덮어서 습도를 유지하기도 한다.

Ⓒ —— **배수층** 난석이나 마사를 깔아 배수층을 만든다. 배수 구멍이 없는 화분에는 배수층이 배수 구멍의 역
할을 해준다.

Ⓓ —— **활성탄** 화분에 배수 구멍이 없을 때 정수와 탈취 기능을 돕기 위해 깔아준다.

# 촛대를 활용한 이끼 정원

"숲에서 계곡물이 흐르는 곳이나
물웅덩이가 있는 곳을 지날 때 걸음을 멈추고 자세히 들여다보면
여러 모양의 이끼를 만날 수 있을 거예요.
이끼에도 특유의 모양과 질감이 있다는 사실을 알면
더욱 애정을 가지고 만지게 된답니다."

**식물&용기**
비단이끼, 깃털이끼,
서리이끼, 촛대(이케아)
-
**용토**
활성탄, 수태, 화산석(다양한
크기)
-
**도구**
가위, 꼬챙이, 모종삽

**Gardener's
Note**

　심플한 흰색의 도자기 촛대를 보고 오목한 바닥 공간을 활용한 디자인을 떠올렸습니다. 좁은 공간을 연출하는 작업이라서 크기의 변주보다는 질감의 다양성을 표현하여 재미를 더해주었습니다. 배수 구멍이 없는 점을 고려해 활성탄을 깔고 울퉁불퉁한 표면을 가진 화산석을 배치했습니다. 이끼는 세 가지 종류를 사용하여 화산석과 어우러지도록 다양하게 표현했습니다.

　가지런한 모양의 서리이끼와 비단이끼는 이어서 배치하되 크기를 달리하고, 손잡이 부분은 깃털이끼로 자유분방한 느낌이 나도록 했습니다. 이끼만을 사용하면 심심해 보일 것 같지만, 한쪽은 이끼로 둥근 덩어리 감을 살리고, 또 다른 쪽은 부분부분 울퉁불퉁한 돌의 라인을 표현하고, 선과 결이 자유로운 이끼를 함께 배치해 조화로우면서도 단조롭지 않은 인상을 줍니다.

## How to Make

**1** 촛대를 깨끗이 씻어 말려서 준비한 뒤 바닥 면에 활성탄을 골고루 깐다.

**Tip** 화분에 배수 구멍이 없을 경우에는 정수와 탈취 기능을 돕기 위해 활성탄을 깐다.

**2** 수분 유지를 위해 활성탄 위에 수태를 골고루 깐다.

**Tip** 수태가 건조한 상태라면 물에 담갔다 물기를 꼭 짜서 촉촉하게 준비한다.

**3** 큰 화산석을 먼저 배치한다.

**Tip** 원하는 디자인에 따라 이끼를 먼저 배치해도 무방하다.

**4** 화산석 옆에 이끼를 놓을 공간을 고려해 이끼를 가위로 자른다.

**Tip** 마른 상태의 이끼는 물에 15분~20분 정도 담갔다 생기가 돌아오면 물기를 꼭 짜주고 이물질이나 상한 부분은 핀셋이나 손으로 제거해 준비한다.

**5** 적당한 크기로 자른 서리이끼를 화산석 옆에
올리고 수태 위로 가볍게 눌러 덮는다.

Tip 큰 돌 옆에 오는 이끼는 돌보다 작거나 크게 준비해
볼륨감에 차이가 느껴지도록 하는 것이 디자인상 자연
스럽다.

**6** 적당한 크기로 자른 비단이끼를 서리이끼 옆
으로 배치한다.

**7** 이끼와 돌을 번갈아 가며 배치해 수태 위를 채
워준다. 크기가 다른 화산석을 연결하여 넣어
도 좋다.

**8** 결이 자유로운 깃털이끼를 적당한 크기로 잘
라 돌 옆에 자리를 잡아준다.

**9** 처음 올렸던 큰 화산석과 마지막으로 올린 이 끼 사이의 남은 공간에 작은 화산석을 낮게 깔아 채운다.

**10** 전체적으로 살펴보고 수태 위에 빈틈이 있 다면 작은 화산석을 넣고 꼬챙이를 이용해 채운다.

### 관리법

이끼는 항상 촉촉하게 유지될 수 있도록 마르기 전에 분무해서 수분을 공급해 줍니다. 햇빛을 너무 세게 받으면 온도가 높아져서 갈변할 수 있으니 주의해주 세요. 약한 빛과 수분만으로도 초록초록 하게 유지할 수 있습니다.

"이끼에도 다양한
형태와 색감
그리고 질감이 있답니다."

# 석분에 석곡 디자인

"석곡은 자연에서 바위틈이나
나무 등에 붙어서 생장하는 착생란으로
석분에 식재하면 잘 어우러집니다.
석곡 중에서도 경흥은 화사한 연핑크의 꽃을 피운답니다."

**식물&용기**
경홍석곡, 비단이끼, 석분
-
**용토**
바크, 수태
-
**도구**
가위

**Gardener's Note**

석분에 식재하는 것은 고급스러우면서도 동양적인 느낌을 줍니다. 식재하는 방법은 심플하지만, 석분의 모양과 식물의 형태를 고려하여 조합하는 것이 관건입니다. 식물이 석분에 비해 너무 크거나 작으면 비율이 어색할 수 있어 알맞은 사이즈의 식물을 골라 식재하는 것이 중요합니다. 이끼는 둥글게 말아 분에 딱 맞게 끼우듯 연출하면 마치 돌산에 봉긋하게 튀어나온 언덕 같은 느낌을 줍니다.

자연의 이끼를 관찰해보면 땅의 형태에 따라 봉긋한 형태를 취하기도 하고 평평하게 펼쳐지는 이끼들도 있지요. 이 석분에서는 덩어리 감을 살려 봉긋하게 솟은 형태로 작업했어요. 식물 디자인에는 정답이 없기에 항상 설레는 마음으로 작업에 임할 수 있습니다. 하지만 처음에는 정답이 없다는 것이 막연하게 다가올 수 있어요. 이때 우리가 평소에 접하는 자연을 떠올려보면 큰 도움이 됩니다. 너무 튀는 것보다는 자연스럽고 익숙한 느낌을 주는 것이 편안하게 다가오거든요.

# How to Make

**1** 식물의 포트를 조물조물 누른 뒤 한 손으로 포트를 잡고 다른 손으로 식물의 밑동을 잡은 채 당겨서 쏙 뺀다. 묵은 수태와 바크를 털어내고 뿌리 상태를 체크해 너무 검거나 무른 부분은 잘라낸다.

**2** 뿌리의 크기를 체크하고 석분에 바크를 적당한 높이로 깔아 배수층을 만든다.

Tip 석분의 높이가 낮고 배수 구멍이 작은 경우에는 깔망이나 바크를 생략하고 수태만 깐 뒤 식재해도 괜찮다.

**3** 물에 적신 수태는 물기를 꼭 짜서 준비한다.

Tip 건조한 수태는 물에 9~10시간 미리 불린 뒤 물기를 꼭 짜서 사용한다.

**4** 석분에 수태를 채워 넣어 식물이 뿌리를 뻗을 수 있는 공간을 만든다.

**5** 경흥석곡을 석분에 넣어 여러 방향으로 수형을 잡아보면서 적절한 위치를 정한다.

**6** 위치를 잡은 상태로 뿌리 사이사이에 수태를 잘 채워 고정한다.

**7** 비단이끼 덩어리 3~5개를 촉촉하게 준비한다. 이끼로 덮을 수태의 면적을 고려해 이끼를 동그란 모양으로 자른다.

**Tip** 마른 상태의 이끼는 물에 15~20분 정도 담갔다 생기가 돌아오면 물기를 꼭 짜주고 이물질이나 상한 부분은 핀셋이나 손으로 제거해 준비한다.

**8** 적당한 크기와 두께로 다듬은 이끼를 석분과 경흥석곡 사이에 끼워 고정한다는 느낌으로 볼륨감을 살려 수태 위에 올린다.

9 먼저 올린 이끼 옆에 동그랗게 만든 큰 이끼 덩어리를 볼륨감을 살려서 올린다.

10 큰 이끼 덩어리로 수태 위를 덮은 뒤 석분을 사방으로 돌려가며 사이사이 빈 부분에 작게 자른 이끼를 채워 완성한다.

**관리법**

이끼는 자주 분무하여 습도를 높게 해서 항상 촉촉하게 유지해줍니다. 전체를 들어보아 평소보다 무게가 가벼워지면 내부의 수태가 말랐다는 것이므로 수태가 흠뻑 젖을 수 있도록 물을 듬뿍 줍니다.

# 티포트 미니 테라리움

"작은 유리 용기 안에 자연을 담아보려 했습니다.
나무처럼 생긴 나무이끼를 심고,
거친 모양의 돌을 넣어 절벽을 만들고,
납작한 비단이끼로 작은 풀밭도 만들었어요."

**식물&용기**
비단이끼, 나무이끼,
유리 티포트
-
**용토**
세척 마사, 관엽식물 배합흙,
천기석, 고운 마감재(검은색,
모래색, 흰색)
-
**도구**
모종삽, 분무기

**Gardener's
Note**

　유리로 된 티포트를 보고 재미있는 테라리움 디자인이 떠올랐습니다. 유리 컵을 이중으로 끼울 수 있는 형태로 외부에서 바라보면 작품이 공중에 붕 떠있는 느낌이 납니다. 용기의 크기가 작기 때문에 식물 역시 작은 것으로 고르고, 생장속도가 느린 이끼를 활용했습니다. 이끼의 생김새는 생각보다 다양해서 이끼로만 작업을 해도 다채로운 디자인의 테라리움을 만들 수 있답니다. 이끼가 나무가 되고, 풀밭을 이루고, 작은 돌이 절벽이 되어 작은 유리컵 안에 자연의 풍경 한 조각이 담겼습니다. 컬러가 대비되는 흙과 마감재를 층층이 쌓아 유리 용기를 옆에서 감상하는 재미를 더했습니다. 뚜껑을 열고 위에서 바라보아도, 좌우로 돌려보아도 다양한 면이 보일 수 있도록 균형 있게 디자인한 작품입니다.

　화분의 입구가 좁을수록 작업 시간도 오래 걸리고 높은 집중력을 요합니다. 식물을 심고, 돌을 배치하고 나면 나머지 공간은 마음처럼 손이 잘 안 들어가져서 숨을 참은 채로 조심스레 넣기도 해요. 아마 한 작품을 만들고 나면 배가 고플지도 몰라요. 크기가 커야만 멋져 보이고 크기가 작다고 해서 볼품없어 보이는 것은 아니라고 생각해요. 작은 작품이어도 나의 진심이 담기면 더 값지게 보인답니다. 나만의 작은 정원이 주는 기쁨을 만나보세요.

# How to Make

**1**  티포트 내부 용기를 깨끗하게 닦아서 준비
한다.

**Tip** 차를 우려 마시는 용도의 제품이어서 물이 빠지는
틈이 있다. 배수 구멍이 따로 없는 경우는 바닥에 활성탄
을 깐다.

**2**  세척 마사를 깔아 배수층을 만든다.

**Tip** 배수층은 난석을 사용해도 무방하지만 안이 잘 보이
므로 난석보다 먼지가 적은 세척 마사를 사용했다.

**3**  관엽식물 배합흙을 고루 깔고 분무기로 분무
를 하여 흙을 다진다.

**4**  촉촉한 흙에 나무이끼를 심을 구멍을 만든다.

**5** 나무이끼를 구멍에 넣고 수형을 잡은 뒤 흙을
덮어 고정한다.

**6** 이끼가 예쁘게 보이는 방향을 앞으로 정하고
뒤쪽에 큰 천기석을 놓는다.

**7** 모래색 마감재를 유리 벽면 쪽으로 조심스레
부어서 쌓아 올린다.

**Tip** 층을 만들면서 모양이 흐트러지지 않도록 작은 모종
삽으로 재료를 조심스레 넣어가며 작업한다.

**8** 색이 잘 보일 수 있게 검은색 마감재를 한층 더
쌓아 올린다.

**Tip** 층을 쌓으면서 유리 내부에 먼지나 손자국이 생기면
티슈로 닦아가며 작업한다.

**9** 나무이끼 앞에 적당한 크기로 자른 비단이끼를 동그랗게 말아 볼륨감 있게 올린다.

**10** 용기를 돌려 비단이끼와 큰 천기석 사이에 작은 천기석을 하나 올린다.

**11** 어두운색과 대비되어 잘 보일 수 있게 흰색 마감재를 유리 벽면 쪽으로 조심스레 부어서 쌓아 올린다.

**Tip** 좁은 부분에 흙을 넣을 때는 종이를 둥글게 말아 깔때기처럼 쓸 수 있다.

**12** 마지막으로 모래색 마감재를 쌓아 올리고 표면을 정리한다.

## 관리법

　　나무이끼는 충분한 광량 아래에서 키우면 쉽게 갈변이 오지 않고 번식도 잘하는 이끼입니다. 유리컵이 뚜껑으로 닫혀 있기 때문에 너무 해가 강하게 드는 곳에서는 내부 온도가 높아질 수 있으니 주의하고, 해가 잘 드는 밝은 실내에서 관리하는 것이 좋습니다. 주기적으로 뚜껑을 열어 환기해주고, 부족해진 수분을 분무기로 보충해줍니다.

# 검은 화분에 소엽풍란 디자인

"검은색의 낮고 둥근 화분에
난초를 이용하여 디자인한 작품입니다.
사방에서 즐길 수 있는 작품이어서 테이블의 중간에 놓거나,
공간의 오브제로 연출하기에 좋습니다."

**재료**

**식물&용기**
소엽풍란, 체리블로섬,
비단이끼, 낮은 원형 화분
-
**용토**
활성탄, 난석, 수태,
화산석(다양한 크기)
-
**도구**
모종삽, 꼬챙이

**Gardener's
Note**

검은색의 낮은 화분에 난초를 주인공으로 하여, 화산석과 이끼를 함께 써서 멋스럽게 연출했습니다. 풍란은 습한 것을 좋아하기 때문에 습도 유지가 중요한 이끼와 함께 디자인하면 궁합이 잘 맞습니다. 동그란 형태의 화분에 가운데로 갈수록 높아지는 디자인이어서 특별히 앞을 정해두지 않고 사방에서 즐길 수 있습니다. 따라서 어느 방향에서든 감상할 수 있도록 돌의 높낮이와 식물의 얼굴 방향을 잘 잡아 식재하는 것이 포인트입니다. 재료들이 서로 지지해주는 힘이 필요하기 때문에 자리를 잘 잡아주고 마감재도 꾹꾹 잘 채워주는 것이 중요합니다. 기초공사를 튼튼히 하고 마지막 디테일까지 정성을 들인다면 흐트러질 걱정은 없답니다.

작품을 만들면서 시야를 좁혀 디테일한 부분을 잡기 위해 얼굴을 화분 가까이 가져갔다 또 뒤로 빠져서 큰 형태감을 보고, 화분을 돌려가며 여러 방향에서 살피기도 합니다. 신경 써야 할 요소가 많은 작품이어서 난이도가 다소 어렵게 느껴질 수 있지만, 정성을 들인 만큼 가치가 있는 결과물을 만날 수 있을 거예요.

## How to Make

**1** 식물의 포트를 조물조물 누른 뒤 한 손으로 포트를 잡고 다른 손으로 식물의 밑동을 잡은 채 당겨서 쏙 뺀다. 묵은 수태와 바크를 털어내고 뿌리 상태를 체크해 너무 검거나 무른 부분은 잘라낸다.

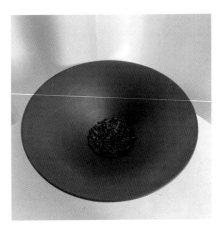

**2** 화분을 깨끗이 씻어 말려서 준비한 뒤 바닥면에 활성탄을 골고루 깐다.

Tip 화분에 배수 구멍이 없을 경우에는 정수와 탈취 기능을 돕기 위해 활성탄을 깐다.

**3** 난석을 적당한 높이로 깔아 배수층을 만든다.

**4** 난이 뿌리를 내릴 수 있도록 수태를 깐다. 평평하게 깔기보다는 경사가 지도록 볼륨감 있게 모양을 잡는다.

Tip 건조한 수태는 물에 9~10시간 미리 불린 뒤 물기를 꼭 짜서 사용한다.

**5** 가장 높게 솟은 곳에 체리블로섬을 자리 잡고
뿌리 사이사이 빈틈으로 수태를 잘 채워 고정
한다.

**6** 높낮이를 달리하여 낮은 자리에 소엽풍란을
식재한다. 앞서 심은 체리블로섬과 잎의 방향
이 나란한 것보다 약간 비스듬히 자리 잡는 것
이 자연스럽다.

**7** 낮은 곳에 위치한 소엽풍란 옆에 작은 화산석
을 하나 배치한다.

**8** 높은 곳에 위치한 체리블로섬 앞에 큰 화산석
을 배치한다.

**Tip** 식물 높이에 따라 돌 크기를 달리하면 단조롭지 않으
면서 균형감 있게 배치할 수 있다.

**9** 체리블로섬의 뒤쪽에도 화산석을 배치해 앞
뒤로 잘 고정한다. 정면에서 봤을 때 돌의 높
낮이가 다양하도록 배치한다.

**10** 7에서 처음에 놓았던 화산석 근처에 크기가
다른 화산석을 하나 올린다.

**11** 이끼는 가위를 이용해 10에서 올린 화산석보
다 크고 둥근 모양으로 자른다. 돌과 돌 사이
에 끼운다는 느낌으로 볼륨감을 살려 올린다.

**Tip** 마른 상태의 이끼는 물에 15~20분 정도 담갔다 생기
가 돌아오면 물기를 꼭 짜주고 이물질이나 상한 부분은
핀셋이나 손으로 제거해 준비한다.

**12** 큰 이끼 옆에 그보다 작은 크기의 이끼 덩어
리를 올린다.

**Tip** 이끼의 사이즈가 균일한 것보다 다양하게 들어가는
것이 자연스럽다.

**13** 위에서 내려다보고 이끼를 추가로 올릴 곳
이 있는지 살핀다. 체리블로섬과 뒤쪽에 배
치한 돌 사이의 공간에 동그란 이끼를 볼륨
감을 살려서 올린다.

Tip 화분 위에 돌과 식물 등이 일직선을 이루도록 배치하
는 것 보다는 조금씩 틀어서 위치시키는 것이 자연스럽다.

**14** 큰 돌 옆에 작은 이끼를 볼륨감을 살려 올린
다. 수태 위를 모두 큰 돌이나 이끼로 채우지
않아도 괜찮다.

**15** 아래쪽이 단단해졌으면, 높은 곳의 체리블
로섬 근처에도 이끼를 올려 채운다.

**16** 아래쪽 소엽풍란 옆에 비어 보이는 자리에
작은 이끼를 올린다.

**17** 체리블로섬이 잘 고정되도록 이끼와 큰 화
산석 사이에 작은 화산석을 넣는다.

**18** 수태가 드러나 있는 부분에 마감재로 작은
입자의 화산석을 뿌려서 덮는다. 꼬챙이를
이용하여 화산석을 구석구석 밀도 있게 밀
어 넣어 마무리한다.

### 관리법

이끼는 수시로 분무해서 항상 축축하게 습도 관리를 잘 해줘야 푸릇푸릇하게
감상할 수 있습니다. 구멍이 없는 화분이기 때문에 자주 들어보아 평소보다 가벼
우면 안에 있는 수태가 충분히 젖을 수 있도록 물을 듬뿍 줍니다.

풍란은 바위에 붙어 자라는 착생란입니다. 해안가에 자생하는 식물로 많은 바
람을 맞으며 높은 습도에서 살아갑니다. 통풍에 신경 써주며, 광량을 충분하게
쬘 수 있도록 하고, 공중 습도를 높게 유지해서 관리합니다.

# 키 작은 난초와 이끼 디자인

"키 작은 난초와 이끼로 작업한 디자인입니다.
삼관왕은 발랄한 노란색의 잎과 투명한 줄기가 매력적인 난초입니다.
키가 작은 난초는 다양한 돌과의 어레인지가 가능하고
디자인에 따라 새로운 느낌을 줍니다.
자세히 들여다보면 디테일한 생김새가 마치 자연을 축소해 놓은 것 같답니다."

**재료**

**식물&용기**
삼관왕 석곡, 비단이끼,
깃털이끼, 원형 화분
-
**용토**
활성탄, 난석,
목문석(두 가지 크기),
마감재(밝은 자갈)
-
**도구**
모종삽, 꼬챙이

**Gardener's Note**

키가 크고 우아한 라인의 난초도 멋스럽지만 개인적으로 한 뼘보다 작은 크기의 앙증맞은 난초류도 참 좋아합니다. 삼관왕은 꽃이 폈을 때는 물론 잎과 줄기만으로도 충분히 매력적인 식물입니다. 농장에서 한 뼘 정도 되는 삼관왕이 있는 걸 보고 바로 데려왔는데 바쁜 나날들로 바로 분갈이를 하지 못하다 물을 주려고 들여다봤더니 꽃대가 올라오고 있었어요. 난이 꽃을 피우려면 많은 에너지를 필요로 하는데, 무심한 가운데 꽃대를 올려주니 고마운 마음이 들었습니다. 난이 꽃을 피웠을 때 분갈이를 하면 스트레스를 받을 수 있기 때문에 꽃이 지고 난 뒤에 분갈이를 해주는 것이 좋지만, 예쁜 모습을 더 잘 즐기고 싶어 조심스레 분갈이를 해주었답니다.

세상에 있는 모든 식물들은 꽃을 피우는 시기가 제각각입니다. 대부분의 꽃들이 꽃을 활짝 피운 시간은 일 년에 비하면 아주 잠깐인데 꽃이 피지 않은 시기에는 주목받지 못하니 아쉽습니다. 하지만 난은 꽃이 피어 있지 않은 시기에 정성 어린 보살핌과 관심이 꽃을 피우는 힘이 됩니다. 우리의 일도 결실을 보기 위해서는 하루하루 돌보는 과정이 필요합니다. 아직 피지 않았다면 그때가 되지 않은 것일 뿐, 때가 되면 분명 아름다운 꽃을 피워줄 거라고 생각해요.

## How to Make

**1** 삼관왕 석곡을 포트에서 분리해 바크를 털어
낸다. 뿌리 상태를 체크해 무르거나 상한 부
분은 과감하게 자른다.

**2** 화분을 깨끗이 씻어 말려서 준비한 뒤 바닥
면에 활성탄을 골고루 깐다.

**Tip** 화분에 배수 구멍이 없을 때는 정수와 탈취 기능을
돕기 위해 활성탄을 깐다.

**3** 삼관왕 석곡을 화분 옆에 대보고 배수층의 높
이를 대략 가늠한다. 난석을 적당한 높이로 깔
아 배수층을 만든다.

**4** 삼관왕 석곡을 화분 안에 넣어 적당한 위치와
수형을 잡는다.

**5** 한손으로 삼관왕 석곡을 잡고 수태가 뿌리 사이사이에 채워지도록 채워 넣는다.

Tip 건조한 수태는 물에 9~10시간 미리 불린 뒤 물기를 꼭 짜서 사용한다.

**6** 삼관왕 석곡이 고정되면 그 옆에 큰 목문석을 올린다.

**7** 큰 목문석 옆에 작은 목문석을 배치한다.

**8** 깃털이끼를 가위로 적당한 크기로 잘라 줄기 아래쪽으로 올린다.

Tip 마른 상태의 이끼는 물에 15~20분 정도 담갔다 생기가 돌아오면 물기를 꼭 짜주고 이물질이나 상한 부분은 핀셋이나 손으로 제거해 준비한다.

**9** 비단이끼를 적당한 크기와 두께로 둥글게 잘라 목문석 옆에 볼륨감을 살려 올린다.

**10** 화분를 돌려 뒷부분에 비단이끼를 적당한 크기와 두께로 잘라 볼륨감을 살려 올린다.

**11** 수태 위의 빈 곳에 밝은 자갈을 마감재로 올리고 꼬챙이로 구석구석 눌러 꼼꼼하게 채운다.

## 관리법

화분 위에 어레인지한 이끼들은 항상 촉촉해야 합니다. 습도를 유지할 수 있도록 자주 분무를 해 수분을 공급해줍니다. 난초의 뿌리에도 주기적으로 물을 공급해줘야 합니다. 구멍이 없는 화분이기 때문에 화분을 들어보아 무게가 가벼워졌다면 수태가 마른 것이므로, 수태가 충분히 젖을 수 있도록 물을 듬뿍 줍니다. 이때 물이 화분 부피의 1/3이 넘지 않도록 적절한 양을 줍니다.

# 브라사다 오렌지 딜라이트 이끼볼

"이끼볼은 화분 없이 식물을 키우는 방식입니다.
뿌리가 노출되어 마르지 않게 수태나 바크 등으로 채우고 촉촉한 이끼로 감싸줍니다.
반점이 있는 화사한 오렌지 빛깔의 꽃을 피우는 브라사다 오렌지 딜라이트,
난 자체의 매력을 오롯이 보여주는 디자인입니다."

**Gardener's Note**

꽃이 피어 있는 난초류를 이끼볼로 만들면 이파리와 고급스러운 꽃대가 균형을 이루며 식물 자체의 매력에 집중할 수 있습니다. 난초는 습도를 좋아하기에 습하게 유지하며 관리하는 이끼와 궁합이 좋습니다. 이끼볼의 크기는 식물과의 비율을 고려해 적당하게 만들고 모양을 둥글게 잡아주어야 완성도를 높일 수 있습니다.

처음 이끼볼을 만들 때는 모양이 울퉁불퉁하거나, 형태가 동그랗지 않고 길쭉하거나, 이끼가 갈라져 정돈되지 않는 등 썩 마음에 들지 않을 수도 있습니다. 하지만 몇 번 더 만들어보면 노하우가 쌓이고 손의 감각이 더 디테일해지는 것을 느낄 수 있습니다. 이끼의 두께를 쳐내는 감각이나, 이끼의 결을 보는 눈이 더 생기거든요.

무슨 일이든 그렇지만 처음엔 서툴던 일도 인내를 갖고 꾸준히 시도해보면 언젠간 마음에 흡족하게 해낼 수 있습니다. 그 과정에서 깨달음이 있고, 스스로 성장하는 것을 느낀다면 더 빠르게 다다를 수 있겠지요.

# How to Make

**1** 식물의 포트를 조물조물 누른 뒤 한 손으로 포트를 잡고 다른 손으로 식물의 밑동을 잡은 채 당겨서 쏙 뺀다.

**2** 묵은 바크를 털어내고 뿌리 상태를 체크한다. 뿌리가 무르거나 상한 부분이 있다면 과감하게 잘라 정리한다.

**3** 뿌리가 잘 활착할 수 있게끔 뿌리 사이사이의 빈 부분에 수태를 잘 채운다.

**Tip** 건조한 수태는 물에 9~10시간 미리 불린 뒤 물기를 꼭 짜서 사용한다.

**4** 수태로 뿌리를 잘 감싸주고 동그란 볼 형태를 잡아 수태볼을 만든다.

**5**  수태볼의 크기에 맞게 가위를 이용해 이끼를
적당한 크기와 두께로 자른다.

Tip 마른 상태의 이끼는 물에 15~20분 정도 담갔다 생기
가 돌아오면 물기를 꼭 짜주고 이물질이나 상한 부분은
핀셋이나 손으로 제거해 준비한다.

**6**  수태볼 위에 이끼를 얹어 감싼다.

**7**  먼저 얹은 이끼 옆에 다른 이끼를 겹치지 않게
올려 감싼 뒤 동그랗게 뭉쳐준다.

**8**  한 손으로 낚싯줄과 수태볼을 잡아 고정한 상
태로 다른 손으로 낚싯줄을 잡고 빙빙 둘러서
감는다.

**9**  반복해서 수태볼 위로 적당한 크기와 두께로
자른 이끼를 올리고 동그랗게 뭉쳐준 뒤 낚싯
줄을 여러 방향으로 감아서 고정한다.

**10**  수태볼 위로 이끼가 잘 고정되어 볼 형태가
완성되면 낚싯줄의 여분을 여유 있게 남기
고 자른다.

**11**  남은 낚싯줄을 이끼볼 사이로 통과해 2번
이상 매듭을 지어준다.

**12**  매듭 부분을 깔끔하게 잘라 완성한다.

## 관리법

　　난은 꽃이 진 뒤에 꽃대의 밑을 자르고 잎을 잘 관리해주면 내년에 또 꽃을 볼
수가 있습니다. 완성된 이끼볼이 넘어진다면 얇은 그릇이나 자갈 위에 올려주세
요. 이끼볼의 경우 이끼가 건조하거나 햇빛을 세게 받으면 갈변할 수 있으므로
직사광선을 피하고 항상 촉촉하게 유지해줍니다. 볼을 들어보아 무게가 가벼워
졌다면 내부의 수태가 마른 것이므로 물에 담가 수태 안까지 충분히 적셔지도록
합니다.

# Design Works

착생식물 작품

# 이끼 정원으로 표현한 부산

**식물** 비단이끼
**재료** 낮은 수반, 활성탄, 난석, 수태, 화산원석, 라바 스톤, 마감재(자갈, 고운 입자)

부산을 떠올리며 만든 이끼 정원입니다. 산과 바다가 공존하는 부산의
자연을 함께 담아보려 했습니다. 물결무늬가 있는 화분을 선택해 바다를 표
현하였고, 푸릇푸릇한 이끼를 넣어 산을 담았습니다. 바다에 있을 법한 갯
바위를 닮은 돌을 배치한 뒤 한쪽은 고운 모래사장이 펼쳐진 바닷가를 묘사
하고, 다른 쪽은 조금 더 굵은 입자의 자갈을 올려 또 다른 부산 바다를 표
현했습니다.

**TIP**

이끼는 항상 촉촉하게 유지
될 수 있도록 수시로 분무해
줍니다.

# 석부작을 활용한 연못

**식물** 박쥐란, 개구리밥, 깃털이끼
**재료** 원형 화분, 해구석, 수태, 에그 스톤

착생식물인 박쥐란은 부작으로 연출이 가능합니다. 착생식물은 보통 바크나 수태를 이용해 식재하는데, 수태를 이용해 뿌리 부분을 잘 감싼 뒤 돌에 고정시킵니다. 부작을 한 돌을 화분에 담아 자리를 잡아주고 에그 스톤을 활용해 빈 부분을 채워줍니다. 화분에 천천히 물을 부은 뒤 개구리밥을 동동 띄워주면 연못이 완성됩니다. 물의 흐름을 타고 둥둥 떠다니는 개구리밥은 크기가 매우 작지만 시각적인 재미를 줄 수 있는 식물입니다.

**TIP**

착생식물은 제대로 활착할 때까지 시간이 필요합니다. 개구리밥은 물에 사는 식물로 물만 잘 갈아주면 광합성을 하며 번식하게 됩니다.

# 석부작 이끼 정원

**식물** 소엽풍란, 틸란드시아 이오난사, 비단이끼
**재료** 원형 화분, 활성탄, 난석, 수태, 천기석, 에그 스톤, 드라이 소재들

소엽풍란을 천기석에 석부작 한 뒤 낮은 수반에 올리고 다양한 형태의 돌을 배치해 장식했습니다. 이끼를 함께 사용해 촉촉함을 유지하도록 하고 이끼 사이로 이오난사를 넣어 포인트를 주었습니다. 이오난사는 에어플랜트로 공기 중에 있는 수분과 유기물들을 흡수하며 살아가기 때문에 흙에 심지 않고 어디에나 올려 장식할 수 있습니다. 마지막으로 꽃다발에 들어있던 드라이 소재를 활용하여 라인을 살려 장식해주었습니다.

**TIP**

이끼는 분무를 자주 해서 항상 촉촉하게 유지해주면 더 푸릇푸릇하게 감상할 수 있습니다. 이오난사는 주기적으로 물에 담가 관리하는데, 이끼와 함께 매일 분무를 해준다면 따로 물을 주지 않아도 괜찮습니다. 석부작 한 뿌리 부분에는 매일 물을 흘려 수분을 보충해줍니다.

# 유리볼에 뿌리를 드러낸 풍란

**식물** 소엽풍란 **재료** 유리볼, 활성탄, 난석, 수태

    건강하게 자란 소엽풍란의 뿌리는 아주 튼튼하고 굵습니다. 특히 뿌리의 끝(생장점)부분이 연두색을 띠며 잘 자라고 있다는 신호를 보내줍니다. 그냥 수태를 감아 수태볼을 만들어도 좋지만, 아랫부분에 유리볼이 있으면 더 자인적으로 안정감이 들고 수태볼로 관리할 때보다는 물이 덜 흘러내리기 때문에 관리 면에서도 효율적입니다. 또한 유리라는 소재가 모던한 느낌을 내주기도 합니다. 수태나 바크를 사용해 화분에 식재하면 뿌리들이 다 가려질 수밖에 없지만, 멋지게 자란 뿌리 일부분을 노출시켜 식재해도 매력적입니다.

**TIP**

난 뿌리는 습도 유지와 통풍이 중요합니다. 공중에 노출되어 있는 만큼 수분의 증발도 빠르기 때문에 물을 더 부지런히 줘야 합니다. 분무를 자주 해서 습도를 높게 유지해주는 것이 좋습니다.

# 미니 이끼 세상

**식물** 비단이끼, 꼬리이끼, 나무이끼
**재료** 유리 용기, 활성탄, 화산석, 세척 마사, 천기석, 수태

이끼는 밀폐된 공간에서 습도 유지가 쉽기 때문에 테라리움 만들기에 제격입니다. 배수층을 충분히 깔아주고, 수분 공급을 헤줄 수 있는 수태나 흙을 충분히 넣어줍니다. 구멍이 많은 천기석을 배치하고 구멍 속에 얇은 나무이끼를 자리 잡아 식재합니다. 천기석 주변으로 다양한 이끼를 배치해 나만의 이끼 세상을 만들어가면 됩니다. 포인트가 되는 식물이 들어가지 않고 이끼만으로도 푸릇푸릇한 테라리움을 만들 수 있습니다. 식물 키우기가 부담스럽다면 밀폐형 용기에 이끼를 키우면서 식물 생활을 시작해보는 것도 괜찮습니다.

**TIP**

해가 적당히 들어오는 밝은 실내에 두는 것이 좋습니다. 가끔 뚜껑을 열어서 환기시켜주고, 수분을 보충하면서 관리합니다.

# 납작한 이끼 정원

**식물** 나무이끼, 비단이끼
**재료** 유리 용기, 활성탄, 흙, 컬러 자갈(세 가지 색), 화산석

일상 속에서 자주 보이는 유리병으로 테라리움을 만들 수 있습니다. 이 이끼 정원은 납작한 유리 반찬 용기를 활용한 디자인이랍니다. 뚜껑을 열어서 감상해도 되고, 습도 유지를 위해 뚜껑을 닫아서 관리해도 좋습니다. 용기가 납작하기 때문에 옆으로 보이는 부분보다는 위에서 내려다봤을 때의 디자인에 더 신경을 써서 만들었습니다. 둥근 덩어리 감의 이끼와 뾰족뾰족한 결이 살아있는 이끼로 단조롭지 않게 표현했습니다. 여러 가지 컬러가 섞인 자갈로 마감하고 블랙 화산석으로 포인트를 주었습니다.

**TIP**

해가 적당히 들어오는 밝은 실내에 두는 것이 좋습니다. 가끔 뚜껑을 열어서 환기시켜 주고, 수분을 보충하면서 관리합니다.

# 커피포트 이끼 테라리움

**식물** 비단이끼
**재료** 유리 용기, 활성탄, 장식용 돌, 컬러 자갈(여러 가지 색)

유리로 된 커피포트를 활용한 이끼 테라리움입니다. 바닷가에서 신비로운 컬러의 돌을 발견하고 나중에 빙산을 표현하는 디자인에 써야겠다고 생각했습니다. 남극의 온도가 올라가면서 빙하가 녹고, 땅에 풀들이 자란다는 기사를 본 적이 있습니다. 포트의 눈금이 있는 쪽을 해수면이라 생각하고, 진한 블루톤의 자갈을 깔아 심해를 표현했습니다. 그 위로 연한 블루톤의 자갈을 깔아주고, 하얀 마감재로 눈이 쌓인 것처럼 표현했습니다. 주워온 돌을 올려 빙산을 표현하고, 반대쪽 육지 부분은 이끼를 올려 식물이 자라나는 듯한 모습으로 연출했습니다. 이렇게 주전자나 반찬 용기 같은 일상 속의 재료도 나만의 메시지를 담은 작품으로 변신할 수 있답니다.

**TIP**

주워온 돌은 깨끗이 세척하여 사용합니다. 이끼만 들어간 테라리움이기 때문에 평상시엔 뚜껑을 닫은 채로 관리하는 것이 좋습니다. 한 번씩 뚜껑을 열어 환기해주고, 분무해서 수분을 보충해줍니다.

# 석부작과 수경 재배의 조합

**식물** 에피덴드럼 센트라데니아, 접란, 깃털이끼
**재료** 원형 화분, 레드 화산석, 수태

센트라데니아로 석부작을 한 뒤, 납작하고 넓은 용기에 담아 이끼로 장식한 디자인입니다. 난은 뿌리를 돌이나 나무에 고정해 활착시킬 수 있습니다. 수태로 수분을 흡수할 수 있도록 해주고 돌에 잘 고정시켜주면 됩니다. 그리고 뿌리 위에 깃털이끼를 살포시 덮어주었습니다. 이끼는 돌과 함께 어우러져 멋스럽기도 하고 난 뿌리의 수분 유지에도 도움을 줍니다. 화분에는 물을 자박하게 채워 접란의 자구 밑부분이 잠기게 담가 두었습니다. 어느 날 농장에서 만난 사장님이 접란의 자구를 싹둑싹둑 잘라주시며 가져가서 뿌리 내려 키워보라고 하셔서 받아온 것인데, 그냥 물꽂이를 하기엔 아쉬워 석부작과 함께 연출해보았습니다.

# 다양한 각도에서 즐기는 난

**식물** 에피덴드럼 센트라데니아
**재료** 세라믹 화분, 깔망, 난석, 수태, 코코넛껍질

구불거리며 휜 수형을 가진 센트라데니아의 두 촉을 함께 식재했습니다. 두 식물이 서로 휜 방향이나 각도가 달라서 보는 각도에 따라 다른 모습을 보여주는 디자인입니다. 식물의 라인이 돋보이게끔 깔끔한 질감의 세라믹 화분을 사용했습니다. 마감은 코코넛껍질을 사용해 납작하면서도 질감이 살아있게 표현했습니다. 얇고 기다란 목대 끝부분의 간결한 잎과 앙증맞은 꽃이 동양적이면서도 우아한 느낌을 줍니다. 이런 디자인은 식물의 라인이 확실한 존재감을 드러내주어 심플한 공간에서 여백의 미를 살려줍니다.

> **TIP**
>
> 수태가 마르면 물을 듬뿍 주어 수태를 항상 촉촉하게 유지시켜줍니다. 습도를 좋아하는 식물이기 때문에 분무도 자주 해주면 좋습니다.

# 코코넛껍질 코케다마볼

**식물** 박쥐란 **재료** 바크, 수태, 코코넛껍질, 낚싯줄

착생식물인 박쥐란은 바크나 수태를 이용해 식재합니다. 흙에 심어져 나오는 박쥐란은 그대로 흙에 심어도 무방하지만, 흙을 완전히 털어내고 바크에 식재할 수 있습니다. 박쥐란 뿌리를 바크와 수태로 감싸고 낚싯줄로 고정한 뒤 코코넛껍질로 마감해 자연스러운 느낌으로 연출했습니다. 그대로 세워 두어도 좋고 끈으로 공중에 매달아 행잉 플랜트로 키워도 좋습니다.

**TIP**

수분 유지가 중요하기 때문에 분무를 자주 해줍니다. 코케다마볼은 들어보아 무게로 물 마름을 확인할 수 있습니다. 물에 젖어 있을 때와 말라 있을 때의 무게 차이가 확실하므로 자주 체크하여 물 때를 잘 맞춰줍니다. 속까지 젖을 수 있도록 충분히 물에 담가주고, 과습을 방지하기 위해서는 물기를 잘 빼주세요.

# 박쥐란 목부작

**식물** 박쥐란
**재료** 나무판, 수태, 바크, 코코넛껍질, 피스, 전동드릴, 마끈

나무판에 박쥐란을 부착한 작품입니다. 식물을 붙일 위치를 정하고, 정한 위치의 가장자리에 못을 3~4개 정도 박아줍니다. 박쥐란을 바크와 수태로 잘 감싼 뒤 마끈으로 못에 걸어 나무판에 고정시키고 코코넛껍질로 덮어주면 완성됩니다. 나무에 붙이는 목부작의 경우 기대어 세워서도 관리할 수 있고, 벽에 걸거나 공중에 매달아서도 키울 수 있습니다. 나무에 식재하면 화분에 심었을 때보다 조금 더 자유로운 느낌을 주며 이국적인 느낌의 오브제가 됩니다.

**TIP**

주기적으로 수태 부분에 물을 주어 수분을 공급하고, 잎에는 자주 분무해서 습도를 유지시켜줍니다.

# 이끼 연못

**식물** 부처손, 꼬리이끼   **재료** 낮은 수반, 컬러 자갈, 라바 스톤

이끼는 약간의 햇빛과 수분으로도 잘 살아가는 생명체입니다. 하지만 공중 습도를 높이기 쉽지 않은 일상 속 환경에서는 화분 위에 멀칭 재료로 썼을 때 관리가 까다로울 수 있습니다. 자연에서 바위에 붙어 자라는 부처손은 습도가 높으면 활짝 펼쳐지고, 습도가 낮아지면 둥글게 말리며 오그라듭니다. 이끼가 활짝 펼친 모습을 유지하도록 물에 살짝 담가 연출했습니다. 화분에 컬러 자갈을 깔고, 이끼를 배치한 다음 무게감 있는 라바 스톤으로 고정시켜줍니다. 마지막으로 물을 자박하게 부어 고이게 해줍니다.

**TIP**

주기적으로 물을 교체해주고, 이끼 위로도 분무를 하며 관리합니다.

241

# 몽골의 붉은 사막

**식물** 불티나 석곡
**재료** 원형 화분, 깔망, 난석, 수태, 화산석(다양한 크기), 세척 마사, 드라이 소재들

마감이 많이 올라간 디자인이고, 수태가 마른 것을 눈으로 체크하기 어려우니, 화분을 들어보아 무게로 수태의 물 마름을 확인합니다. 화분이 가벼운 느낌이 들면 수태가 충분히 젖을 수 있도록 물을 듬뿍 주도록 합니다. 난초류는 공중 습도를 좋아하기 때문에 분무를 자주 해주면 좋습니다.

몽골 여행을 다니며 사막에도 여러 종류가 있다는 걸 알게 되었죠. 그중 붉은 땅을 가진 사막도 있었습니다. 불타는 절벽이라고도 불리는 바얀작에 갔을 때 붉은 절벽들이 펼쳐져 있고, 돌산이 깨진 듯 층층이 결이 생긴 절벽의 모습이 인상 깊었습니다. 붉은 화분에 층층이 결이 보이는 석곡 종류의 난을 수태를 이용해 식재하고 붉은 돌로 장식해 몽골의 붉은 사막을 표현했습니다. 또한 마른 이끼를 활용해 잡초들을 표현하고, 곳곳에 드라이 소재들로 장식해 건조하고 척박한 느낌으로 연출했습니다.

# 아스팔트 사이로 핀 꽃

**식물** 온시디움 트롬니아 **재료** 아스팔트, 수태

    시골에서 거칠게 깨져 버려진 아스팔트를 봤습니다. 아스팔트 틈 사이로 자라나는 식물의 모습이 떠올라 언젠가 재료로 사용해 보려고 가지고 왔습니다. 아스팔트의 조각을 맞추고, 수태를 활용해 트롬니아를 식재했습니다. 단단하게 솟아오른 짧은 잎의 모습이 아스팔트 틈을 비집고 자라나는 야생의 풀처럼 느껴지지요. 잎은 연약해 보이지만 한편으로는 강인한 식물의 생명력을 보여주고, 길게 나온 꽃대는 잎과 먼 곳에서 꽃을 피워 신비로운 아름다움을 더해줍니다.

**TIP**

해당 작품은 콘셉트에 맞게 연출한 작품이지만, 수태를 이용해 화분에 식재해 키울 수 있습니다.

# 명환금 석부작

**식물** 명환금, 비단이끼 **재료** 화산원석, 수태, 편석

작고 통통한 잎에 노란 무늬가 선명하게 보이는 풍란입니다. 바위에 착생하여 기근을 노출시킨 채로 살아가는 자연 속 풍란의 모습을 살려서 디자인했습니다. 바위의 느낌을 잘 표현해 줄 수 있는 울퉁불퉁한 화산원석에 석부작을 하고 돌을 고정하기 위해 납작한 편석을 지면으로 사용하였습니다. 붓으로 그린 듯한 명환금의 선명한 무늬를 더 돋보이게 하기 위해 돌은 어두운색들로 골랐습니다. 또 바위 밑에 자라는 이끼를 함께 표현해 자연스러움을 더해주었습니다.

**TIP**

공중 습도가 낮은 일반적인 실내에서 키우기 때문에 습도 유지에 좋은 수태를 더해 식재했습니다. 뿌리가 공중에 노출되기 때문에 화분에 들어있는 난보다 수분 유지에 더 신경 써주는 것이 좋습니다. 매일 물을 주거나 분무를 잘해서 습도를 높게 유지하며 관리합니다.

# 정원놀이의
# 식물 디자인 레시피

**초판 1쇄 발행** 2022년 5월 2일
**초판 2쇄 발행** 2022년 8월 9일

**지은이** 최정원
**펴낸이** 김영조
**콘텐츠기획팀** 김은정, 김희현
**디자인팀** 정지연
**마케팅팀** 김민수, 최예름, 구예원
**경영지원팀** 정은진
**펴낸곳** 싸이프레스
**주소** 서울시 마포구 양화로7길 44, 3층
**전화** (02)335-0385/0399
**팩스** (02)335-0397
**이메일** cypressbook1@naver.com
**홈페이지** www.cypressbook.co.kr
**블로그** blog.naver.com/cypressbook1
**포스트** post.naver.com/cypressbook1
**인스타그램** 싸이프레스 @cypress_book
　　　　　　싸이클 @cycle_book
**출판등록** 2009년 11월 3일 제2010-000105호

**ISBN** 979-11-6032-156-2　　13520